# 电工电子类知识点复习指导(上册)

主  编  唐 赞  刘思磊
副主编  阳煦慧  段其刚  廖丽香
　　　　王兰桂  李明明

北京理工大学出版社
BEIJING INSTITUTE OF TECHNOLOGY PRESS

**版权专有　侵权必究**

### 图书在版编目(CIP)数据

电工电子类知识点复习指导. 上册 / 唐赞，刘思磊主编. —北京：北京理工大学出版社，2020.9

ISBN 978 – 7 – 5682 – 9030 – 2

Ⅰ. ①电… Ⅱ. ①唐… ②刘… Ⅲ. ①电工技术 – 中等专业学校 – 升学参考资料 ②电子技术 – 中等专业学校 – 升学参考资料 Ⅳ. ①TM②TN

中国版本图书馆 CIP 数据核字(2020)第 172763 号

| | |
|---|---|
| 出版发行 / | 北京理工大学出版社有限责任公司 |
| 社　　址 / | 北京市海淀区中关村南大街 5 号 |
| 邮　　编 / | 100081 |
| 电　　话 / | (010)68914775(总编室) |
| | (010)82562903(教材售后服务热线) |
| | (010)68948351(其他图书服务热线) |
| 网　　址 / | http://www.bitpress.com.cn |
| 经　　销 / | 全国各地新华书店 |
| 印　　刷 / | 定州市新华印刷有限公司 |
| 开　　本 / | 787 毫米 × 1092 毫米　1/16 |
| 印　　张 / | 14.5 |
| 字　　数 / | 365 千字 |
| 版　　次 / | 2020 年 9 月第 1 版　2020 年 9 月第 1 次印刷 |
| 定　　价 / | 45.00 元 |

责任编辑 / 张鑫星
文案编辑 / 张鑫星
责任校对 / 周瑞红
责任印制 / 李志强

图书出现印装质量问题，请拨打售后服务热线，本社负责调换

# 前　言

《电工电子类知识点复习指导》分为上下册，上册为电工基础知识点复习指导，共九章；下册为电子基础知识点复习指导，共十四章。本书的章节按照本章考纲、本节知识、例题讲解和知识精练几个部分来编写。本章考纲简单明了地指出本章节的知识点在考纲中的要求；本节知识通过对考纲要求掌握知识点以及近年对口高考真题的分析进行梳理指出本章节在考试中的重、难点和考试方向，便于考生在复习时建立系统的知识体系；例题讲解对近年对口高考真题或者重、难点典型例题进行解析得出规律，通过链接知识点进行讲解、总结方法；知识精练精选题目进行训练加以强化，按照高考真题的难度和题型出题，达到进一步巩固强化知识点的目的。涵盖整个电子技术应用专业对口高考科目，能够帮助学生快速梳理知识，起到巩固考点内容整合所学知识点的作用。

本书由中职电子技术应用专业教学经验丰富的一线教师唐赞、刘思磊主编，阳煦慧、段其刚、廖丽香、王兰桂、李明明参与编写，全书由刘思磊统稿。该书为《电子电工类学生专业技能素养提升研究》课题研究成果。

本书可作为中职电子电工类专业学生的复习用书及专业教师教学的参考用书。

由于编者水平有限，书中错误和不妥之处在所难免，欢迎广大读者批评指正，以便以后修正。

编　者

# 目　　录

第一章　直流电路基础知识 ································································ (1)
　　1.1　库仑定律 ······································································· (1)
　　1.2　电场和电场强度 ······························································ (4)
　　1.3　电流 ·············································································· (7)
　　1.4　电压和电位 ····································································· (8)
　　1.5　电源和电动势 ································································· (10)
　　1.6　电阻和电阻定律 ······························································ (12)
　　1.7　电路和欧姆定律 ······························································ (14)
　　1.8　电能、电功率及最大输出定理 ············································ (18)

第二章　直流电路 ······································································· (22)
　　2.1　电阻串联电路 ································································· (22)
　　2.2　电阻并联电路 ································································· (26)
　　2.3　电阻混联电路 ································································· (29)
　　2.4　电池的连接 ····································································· (33)
　　2.5　电路中各点电位的计算 ······················································ (35)
　　2.6　基尔霍夫定律 ································································· (38)
　　2.7　支路电流法 ····································································· (41)
　　2.8　电压源与电流源及其等效变换 ············································ (44)
　　2.9　戴维南定理 ····································································· (50)
　　2.10　叠加定理 ······································································ (55)
　　2.11　电桥电路 ······································································ (58)

第三章　电容器 ··········································································· (60)
　　3.1　电容器与电容的参数和种类 ················································ (60)
　　3.2　电容器的连接及电容器中的电场能 ······································· (63)

第四章　磁与电磁 ········································································ (71)
　　4.1　磁感应强度和磁通 ···························································· (71)
　　4.2　电磁感应现象 ································································· (80)
　　4.3　自感与互感 ····································································· (89)

## 第五章　正弦交流电 (94)

　5.1　正弦交流电的基本概念 (95)
　5.2　旋转矢量 (101)
　5.3　纯电阻电路 (103)
　5.4　纯电感电路 (107)
　5.5　纯电容电路 (110)
　5.6　$RL$ 串联电路 (113)
　5.7　$RC$ 串联电路 (117)
　5.8　$RLC$ 串联电路 (120)
　*5.9　串联谐振电路 (124)
　*5.10　实际线圈与电容的并联电路 (128)
　*5.11　并联谐振电路 (132)
　*5.12　提高功率因数的意义和方法 (135)

## 第六章　三相交流电路 (137)

　6.1　三相交流电源 (137)
　6.2　三相负载的连接 (140)
　6.3　三相电路的功率 (146)
　6.4　安全用电 (148)
　6.5　三相异步电动机 (149)

## 第七章　变压器 (152)

　7.1　变压器的结构 (152)
　7.2　变压器的工作原理 (154)
　7.3　变压器的功率和效率 (158)
　7.4　几种常用变压器 (161)

## 第八章　控制用电磁组件 (164)

## 第九章　可编程序控制器（PLC） (175)

　9.1　可编程序控制器的基本组成及工作原理 (175)
　9.2　可编程序控制器的常用编程元件 (180)
　9.3　FX 系列 PLC 的基本指令及编程方法 (183)
　9.4　三相异步电动机的 PLC 控制电路 (191)

**知识精练参考答案** (210)

# 第一章 直流电路基础知识

**本章考纲**

（1）元器件的识别与应用：认识电阻元件的图形、符号；会测量阻值和检测性能。

（2）仪器仪表的使用与操作：会使用直流电流表、电压表和万用表；会用伏安法测定电阻；会测定电源电动势和内阻。

（3）典型电路的连接与应用：会连接简单直流电路；会利用电阻定律、欧姆定律等基本定律计算电路的电流、电压、电位、电动势、电阻、电能、电功率、电源的最大输出功率。

## 1.1 库仑定律

**本节知识**

（1）自然界存在两种电荷，叫作正电荷与负电荷。用毛皮摩擦橡胶棒，用丝绸摩擦有机玻璃棒，橡胶棒带负电，有机玻璃棒带正电。

（2）电荷的多少叫作电量，电量的单位是库仑。

（3）电子带有最小的负电荷，质子带有最小的正电荷，它们电量的绝对值相等，一个电子电量 $e=1.6\times10^{-19}$ C。任何带电物体所带电量等于电子（或质子）电量或者是它们的整数倍，因此，把 $1.6\times10^{-19}$ C 称为基本电荷。

（4）电荷间作用的规律是同种电荷相斥，异种电荷相吸，斥力和引力的大小与电荷间的距离及电量有关，距离越小，电量越大，斥力和引力越大；反之，距离越大，电量越小，斥力和引力越小。

（5）点电荷定义：如果带电体间的距离比它们的大小大得多，以致带电体的形状和大小对相互作用力的影响可以忽略不计时，这样的带电体就可以看成点电荷。均匀带电球体或均匀带电球壳也可看成一个处于该球球心，带电量与该球相同的点电荷。

（6）库仑定律：在真空中两个电荷间作用力跟它们的电量的乘积成正比，跟它们间的距离的平方成反比，作用力的方向在它们的连线上，若两个点电荷 $q_1$，$q_2$ 静止于真空中，距离为 $r$，则 $q_1$ 受到 $q_2$ 的作用力 $F_{12}$ 为

$$F_{12}=k\frac{q_1q_2}{r^2}$$

式中，$F_{12}$、$q_1$、$q_2$、$r$ 诸参数单位都已确定，分别为牛（N）、库（C）、库（C）、米（m），$k=9\times10^9$ N·m²/C²。

$q_2$ 受到 $q_1$ 的作用力 $F_{21}$ 与 $F_{12}$ 互为作用力与反作用力，它们大小相等、方向相反。

学习和应用库仑定律，应该特别注意：

（1）库仑定律只适用于计算两个点电荷间的相互作用力，非点电荷间的相互作用力，库仑定律不适用。

（2）应用库仑定律求点电荷间相互作用力时，不用把表示正、负电荷的"＋""－"符号代入公式中，计算过程中可用绝对值计算，其结果可根据电荷的正、负确定作用力为引力或斥力以及作用力的方向。

### 例题讲解

**【例1－1】** 两个点电荷电荷量 $q_1 = 4 \times 10^{-5}$ C，$q_2 = -1.2 \times 10^{-5}$ C，在真空中的距离 $r = 0.4$ m，求两个点电荷间作用力的大小及方向。

解：根据库仑定律

$$F = k\frac{q_1 q_2}{r^2} = 9 \times 10^9 \times \frac{4 \times 10^{-5} \times 1.2 \times 10^{-5}}{0.4^2} = 27 \text{ (N)}$$

作用力的方向在两个点电荷的连线上。因为是异种电荷，所以作用力为引力。

**【例1－2】** 两个点电荷分别带电荷量 $q_A$ 和 $q_B$，当它们间的距离 $r_1 = 3$ m 时，相互作用力 $F_1 = 4 \times 10^{-6}$ N，当它们间的距离 $r_2 = 1$ m 时，相互作用力 $F_2$ 是多大？

解：根据库仑定律，可列出如下两个方程

$$F_1 = k\frac{q_A q_B}{r_1^2} \tag{1}$$

$$F_2 = k\frac{q_A q_B}{r_2^2} \tag{2}$$

由式（1）/式（2）得

$$\frac{F_1}{F_2} = \frac{r_2^2}{r_1^2}$$

则

$$F_2 = \frac{F_1 r_1^2}{r_2^2} = \frac{4 \times 10^{-6} \times 3^2}{1^2} = 3.6 \times 10^{-5} \text{ (N)}$$

### 知识精练

**一、填空题**

1. 自然界中只有_____、_____两种电荷，它们之间存在_____力，同种电荷相互_____，异种电荷相互_____。

2. 在目前已知的自然界中，最小的正电荷量为_____C，是_____的电量；最小的负电荷量为_____C，是_____的电量；任何带电体所带的电量都是_____的整数倍，所以，我们把_____叫作"基本电荷"。

3. 能对外显示_____的物体叫作带电体。衡量带电体上所带电荷的多少的物理量叫作_____，用字母_____表示；它的单位是_____，用字母_____表示。

4. 起电的实质是_____的转移，用丝绸摩擦过玻璃棒后，_____上的_____转移到_____上去了，所以_____因_____而对外显正电性；同时_____因_____而对外显负电性。

5. 库仑定律的数学表达式是_____，式中的 $k$ 叫作_____，其数值等于_____，其单位是_____。

6. 真空中，两个相距为 $L$ 的点电荷所带电荷量分别为 $+2q$ 和 $+q$，现引入第三个点电荷并使其所受的合力为零，此时该点电荷距点 $+2q$ 的距离为_____。

## 二、选择题

1. 有 A、B、C、D 四个带电小球，已知 A 带正电，B 吸引 A，C 排斥 B，D 吸引 C，则 B、C、D 三个小球的带电情况是（　　）。
   A. $B^-$、$C^+$、$D^-$
   B. $B^-$、$C^-$、$D^+$
   C. $B^+$、$C^-$、$D^-$
   D. $B^-$、$C^-$、$D^-$

2. 当某绝缘导体靠近一个原已带有负电荷的验电器上端金属球时，其下端的两片金箔张角变大，则该绝缘导体上带有（　　）。
   A. 正电荷
   B. 负电荷
   C. 不带电
   D. 正、负电荷均可

3. 真空中的两个点电荷之间的距离缩短到原来距离的一半，则这两个点电荷间相互作用力将是原作用力的（　　）。
   A. 0.5 倍
   B. 0.25 倍
   C. 2 倍
   D. 4 倍

4. 真空中两点电荷的电量 $Q$ 和 $q$ 都增大到原来的两倍，则该两点电荷间的相互作用力将是原作用力的（　　）。
   A. 0.5 倍
   B. 0.25 倍
   C. 2 倍
   D. 4 倍

5. 空气中两点电荷之间插入任意一种其他介电质后，该两点电荷间的相互作用力将会（　　）。
   A. 变大
   B. 变小
   C. 不变
   D. 可能会变大，也可能会变小

## 三、计算题

1. 两个点电荷电荷量 $q_1 = 2 \times 10^{-5}$ C，$q_2 = 1.5 \times 10^{-6}$ C，在真空中的距离 $r = 0.1$ m，求两个点电荷间作用力的大小及方向。

2. 有两个点电荷它们之间的距离为 20 mm，它们间的作用力大小为 0.5 N，其中一个点电荷的电荷量为 $10^{-6}$ C，求另外一个点电荷的电荷量为多少。

3. 两个点电荷电荷量 $q_1 = -4 \times 10^{-6}$ C，$q_2 = 1.2 \times 10^{-6}$ C，在真空中的距离 $r = 0.04$ m，求两个点电荷间作用力的大小及方向。

## 1.2 电场和电场强度

**本节知识**

**1. 电场**

定义：存在于电荷周围空间，对电荷有作用力的特殊物质叫作电场。

电荷与它周围空间的电场是一个统一的整体。

电场具有两个重要特性：

（1）位于电场中的任何带电体，都要受到电场力的作用。

（2）带电体在电场中受到电场力的作用而移动时，电场力对带电体做功，这说明电场具有能量。

**2. 电场强度**

电场是一种看不见、摸不着，不依赖于人的感觉而客观存在的一种特殊物质，人们对于电场性质的研究，一般是通过检验电荷来探测的。

检验电荷的一般要求：带正电且电荷量很小的点电荷。

定义：检验电荷在电场中某一点所受电场力 $F$ 与检验电荷的电荷量 $q$ 的比值叫作该点的电场强度，简称场强，用公式表示为

$$E = \frac{F}{q}$$

式中　$F$——检验电荷所受电场力，单位为牛［顿］，符号为 N；

$q$——检验电荷的电荷量，单位是库［仑］，符号为 C；

$E$——电场强度，单位是牛［顿］每库［仑］，符号为 N/C。

注意：

（1）电场强度单位：N/C。

（2）大小：电场中某点的场强在数值上等于单位电荷在该点受到的电场力。

（3）方向：规定电场中某点场强的方向为正电荷在该点受到的电场力的方向。

电场强度是矢量。一般电场中不同点，场强的大小及方向不同，场强大的地方，电场强，场强小的地方，电场弱，通常我们也把场强的大小和方向叫作电场的强弱和方向。

**3. 电力线**

为了形象地描述电场中各点场强的大小和方向，采用了电力线（假想曲线）图示法，

在电场中画出一系列从正电荷出发到负电荷终止的曲线，使曲线上每一点的切线方向都和该点的电场强度方向一致，这些曲线叫作电力线。

电力线在每一点的切线方向表示该点的场强方向，电力线的疏密表示场强的强弱。

电力线的特性：

电力线总是从正电荷出发，终止于负电荷或无穷远；任意两条电力线都不会相交。

## 例题讲解

**【例1-3】** 检验电荷的电荷量 $q = 10^{-9}$ C，在电场中 $P$ 点受到的电场力 $F = 2$ N，求该点电场强度。若检验电荷放在 $P$ 点，电荷量 $q' = 3 \times 10^{-9}$ C，检验电荷所受电场力是多少？

解：根据电场强度的定义

$$E = \frac{F}{q} = \frac{2}{10^{-9}} = 2 \times 10^9 \text{（N/C）}$$

由于电场中某点电场强度与检验电荷无关，所以 $P$ 点场强不变，$q'$ 所受电场力 $F'$ 为

$$F' = Eq' = 2 \times 10^9 \times 3 \times 10^{-9} = 6 \text{（N）}$$

## 知识精练

一、填空题

1. 电场是存在于_____周围的一种_____的物质，这种物质之所以特殊，是因为它_____由_____组成的，电场这种物质也具有两个重要的特性：（1）置于电场中的任何带电体都要受到_____力的作用；（2）带电体在电场中受到_____力的作用而发生位移时，_____力就要做_____，这说明电场具有_____。

2. 电力线是人为地画入电场中的一系列_____的曲线。在静电场中，电力线总是起于_____，止于_____；电力线上任意一点的_____方向，表示该点的_____方向；电力线的_____程度表示_____的强弱，强_____，弱_____。

3. 电场强度是衡量电场_____和_____的物理量，它是有_____又有_____的矢量，其数学表达式是_____，其方向是_____。

4. 处于电场中的导体，因_____力的作用而使导体内的_____重新_____的现象叫作_____感应，因_____感应而在导体上显现的_____叫作_____电荷。

二、选择题

1. 如图1.1所示带箭头的直线是某电场中的一条电场线，在这条直线上有 $a$、$b$ 两点，若用 $E_a$、$E_b$ 表示 $a$、$b$ 两点的电场强度大小，下列说法正确的是（　　）。

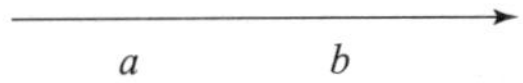

图1.1

A. 电场线是从 $a$ 指向 $b$，所以有 $E_a > E_b$

B. 若一负电荷从 $b$ 点逆电场线方向移到 $a$ 点，则电场力对该电荷做负功

C. 若此电场是由一负点电荷所产生的，则有 $E_a < E_b$

D. 若此电场是由一正点电荷所产生的，则有 $E_a < E_b$

2. 在由场电荷 $Q$ 形成的电场中某点 $A$ 处，放入 $q_1 = 0.5 \times 10^{-7}$ C 的检验电荷，测得 $E_A = 1.2 \times 10^{-4}$ N/C；现改用 $q = 0.5q_1$ 的检验电荷替换 $A$ 点处的 $q$，则 $A$ 点处的电场强度 $E_A$ 应为（  ）。

A. $2.4 \times 10^{-4}$ N/C　　　　　　　　B. $1.2 \times 10^{-2}$ N/C

C. $1.2 \times 10^{-4}$ N/C　　　　　　　　D. $0.3 \times 10^{-4}$ N/C

3. 在某电场中距场电荷 $Q$ 1 m 处，测得电场强度 $E = 1.2 \times 10^{-4}$ N/C，则在距场电荷 $Q$ 2 m 远的地方，电场强度 $E$ 应为（  ）。

A. $2.4 \times 10^{-4}$ N/C　　　　　　　　B. $1.2 \times 10^{-4}$ N/C

C. $0.2 \times 10^{-4}$ N/C　　　　　　　　D. $0.3 \times 10^{-4}$ N/C

4. 在场电荷 $Q = 8.0 \times 10^{-2}$ C 所产生的电场中某点 $A$ 处，测得电场强度 $E_A = 1.2 \times 10^{-4}$ N/C，现用 $Q' = 1.2 \times 10^{-1}$ C 的带电质点替代原场电荷 $Q$，则 $A$ 点处的电场强度 $E_A$ 应是（  ）。

A. $2.4 \times 10^{-4}$ N/C　　　　　　　　B. $1.2 \times 10^{-4}$ N/C

C. $1.8 \times 10^{-4}$ N/C　　　　　　　　D. $3.6 \times 10^{-4}$ N/C

三、计算题

1. 某检验电荷的电荷量为 $2 \times 10^{-6}$ C，它在该点所受的电场力为 1.2 N，求该点的电场强度。

2. 一检验电荷在磁场强度为 $10^6$ N/C 匀强磁场中所受的电场力为 5 N，求该检验电荷的电荷量为多少。

## 1.3 电流

> **本节知识**

### 1. 电流

定义：电荷的定向运动叫作电流。

电流强度的定义：

电流强度在量值上等于通过导体横截面的电荷量 $q$ 和通过这些电荷量所用时间 $t$ 的比值，用公式表示为

$$I = \frac{q}{t} \qquad (1-1)$$

式中 $q$——通过导体横截面的电荷量，单位是库［仑］，符号为 C；

$t$——通过电荷量 $q$ 所用的时间，单位是秒，符号为 s；

$I$——电流强度，单位是安［培］，符号为 A。

在实际生活中，安培是一个很大的单位，所以，电流的常用单位还有毫安（mA）和微安（μA）：（国际单位制）

$$1 \text{ A} = 10^3 \text{ mA} = 10^6 \text{ μA}$$

### 2. 电流的方向

规定正电荷定向运动的方向为电流方向。

在金属导体中，电流的方向与自由电子运动方向相反；在电解液中，电流方向与正离子运动方向相同。

**注意**：在电路计算时，我们通常无法事先确定电路中电流的真实方向，为了计算方便，常常事先假定一个电流方向（假想的电流方向）。用箭头在电路图中标明电流的参考方向，最后根据计算结果的符号判断电流真实方向。结果为正，则电流实际方向与所设参考方向一致；结果为负，则电流实际方向与所设参考方向相反。

电流强度是一个标量，电流方向只表明电荷的定向运动方向。

> **例题讲解**

**【例 1-4】** 在 2 min 时间内，通过导体横截面的电荷量为 2.4 C，求电流是多少 A，合多少 mA？

**解**：根据电流的定义式

$$I = \frac{q}{t} = \frac{2.4}{2 \times 60} = 0.02 \text{ (A)} = 20 \text{ (mA)}$$

解题要点：（1）注意代入数值的单位必须是国际标准单位；

（2）注意电流强度单位安培、毫安、微安之间的换算关系。

### 知识精练

**一、填空题**

1. 习惯上规定_____电荷移动的方向为电流的方向，因此，电流的方向实际上与电子移动的方向_____。
2. 金属导体中自由电子的定向移动方向与电流方向_____。
3. 若 6 min 通过导体横截面的电荷量是 18 C，则导体中的电流是_____A。

**二、计算题**

1. 若 1 min 通过导体横截面的电荷量是 3.6 C，则导体中的电流是多少 A？

2. 若导体中的电流为 3 A，请问在多少分钟内通过导体横截面的电荷量是 72 C？

3. 通过一个电阻的电流为 6 A，经过 5 min，通过这个电阻横截面的电荷量是多少 C？

## 1.4 电压和电位

### 本节知识

**1. 电压**

电荷在电场中受到电场力的作用移动时，电场力要做功。在匀强电场中，电荷 $q$ 移动的距离是 $L_{ab}$，那么电场力对电荷做的功为

$$W = FL_{ab}$$

为了衡量电场力做功能力的大小，引入电压这个物理量。$a$，$b$ 两点间的电压 $U_{ab}$ 在数值上等于电场力把电荷由 $a$ 点移动到 $b$ 点所做的功 $W$ 与被移动电荷量 $q$ 的比值，可用下式表示：

$$U_{ab} = \frac{W_{ab}}{q} \qquad (1-2)$$

式中 $q$——由 $a$ 点移动到 $b$ 点的电荷量，单位是库[仑]，符号为 C；

$W_{ab}$——电场力将 $q$ 由 $a$ 点移动 $b$ 点所做的功，单位为焦[耳]，符号为 J；

$U_{ab}$——$a$、$b$ 两点间的电压，单位是伏[特]，符号为 V。

在国际单位制中，电压的常用单位还有千伏（kV）和毫伏（mV）：

$$1 \text{ kV} = 10^3 \text{ V} \qquad 1 \text{ V} = 10^3 \text{ mV}$$

电压方向：规定电压的方向由高电位指向低电位，即电位降低的方向。电压的方向可以用高电位指向低电位的箭头表示，也可以用高电位标"＋"，低电位标"－"来表示。

**2. 电位**

定义：正电荷在电路中某点所具有的能量与电荷所带电量的比叫作该点的电位。

讨论电位问题时，首先要选定参考点（假定该点电位为零）。

其他点的电位等于该点与参考点间的电压。比参考点高的电位为正，反之为负。可见，电路中各点的电位是相对的，与参考点的选择有关。

电压与电位的关系：在电路中 $a$，$b$ 两点间的电压等于 $a$，$b$ 两点间的电位之差，即

$$U_{ab} = V_a - V_b$$

**3. 电压参考方向的选择**

与电流相似，在电路计算时，事先无法确定电压的真实方向，常事先选定参考方向，用"＋、－"标在电路图中。如果计算结果电压为正值，那么电压的这个真实方向与参考方向一致；如果计算结果电压为负值，那么电压的真实方向和参考方向相反。

**例题讲解**

【例 1-5】 在电场中有 $a$、$b$、$c$ 三点，某电荷量 $q = 1 \times 10^{-2}$ C，电荷由 $a$ 点移动到 $b$ 点电场力做功 4 J，电荷由 $b$ 点移动到 $c$ 点电场力做功 6 J，以 $b$ 点为参考点，试求 $a$ 点和 $c$ 点电位。

解：以 $b$ 点为参考点，则 $V_b = 0$ V，根据电压定义式

$$U_{ab} = \frac{W_{ab}}{q} = \frac{4}{1 \times 10^{-2}} = 400 \text{ （V）}$$

又因为 $\qquad U_{ab} = V_a - V_b$

则 $\qquad V_a = 400$ V

同理 $\qquad U_{bc} = \frac{W_{bc}}{q} = \frac{6}{1 \times 10^{-2}} = 600 \text{ （V）}$

$\qquad U_{bc} = V_b - V_c \quad 0 - V_c = 600 \quad V_c = -600$ V

**知识精练**

一、填空题

1. 电压是衡量_____做功能力的物理量；电动势表示电源_____能力。

2. 电路中某点与_____的电压即为该点的电位,若电路中 a、b 两点的电位分别为 $V_a$、$V_b$,则 a、b 两点间的电压 $U_{ab}$ = _____;$U_{ba}$ = _____。

3. 参考点的电位为_____,高于参考点的电位取_____值,低于参考点的电位取_____值。

4. 如果把电荷量为 $q = 6 \times 10^{-5}$ C,由 A 点移到 B 点电场力做的功为 0.012 J,则 AB 两点间的电压为_____,如果 A 点电位为零,则 B 点电位为_____。

二、计算题

1. 电场中有 a、b 两点,某电荷量 $q = 2 \times 10^{-2}$ C,电荷由 a 移动到 b 电场力做功 12 J,求 a、b 两点间的电压。假设以 b 点为参考点,试求 a 点电位。

2. 如图 1.2 所示,当选 c 点为参考点时,已知:$V_a$ = 6 V,$V_b$ = 3 V,$V_d$ = 2 V,$V_e$ = 4 V。求 $U_{ab}$、$U_{cd}$ 各是多少?若选择 d 点为参考点,则各点电位各是多少?

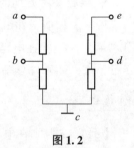

图 1.2

## 1.5 电源和电动势

**本节知识**

**1. 电源**

定义:电源是把其他形式的能转换成电能的装置。

种类:干电池或蓄电池把化学能转换成电能;光电池把太阳的光能转化成电能;发电机把机械能转化成电能,等等。

**2. 电源电动势**

1) 电源力

电源力是存在于电源内部的,能使正电荷从负极源源不断地流向正极的一种非静电性质的力。它的存在保证了正负极之间的电压不变，这样电路中才能有持续不变的电流。

2）电动势

在电源内部，电源力不断地把正电荷从低电位点移动到高电位点。在这个过程中，电源力要克服电场力做功，这个做功过程就是电源将其他形式的能转换成电能的过程。对于不同的电源，电源力做功的性质和大小不同，为此引入电动势这个概念。

电动势是用来表征电源生产电能本领大小的物理量。

电动势定义：

在电源内部，电源力把正电荷从低电位点（负极板）移动到高电位点（正极板）反抗电场力所做的功与被移动电荷的电荷量之比，叫作电源的电动势，用公式表示为

$$E = \frac{W}{q} \tag{1-3}$$

式中　$W$——电源力移动正电荷所做的功，单位为焦［耳］，符号为 J；

　　　$q$——电源力移动的电荷量，单位是库［仑］，符号为 C；

　　　$E$——电源电动势，单位是伏［特］，符号为 V。

电源电动势的方向：

电源电动势的方向规定为由电源的负极（低电位点）指向正极（高电位电）。

在电源内部的电路中，电源力移动正电荷形成电流，电流的方向是从负极指向正极；在电源外部电路中，电场力移动正电荷形成电流，电流方向是从电源正极流向电源负极。

**3. 电源电动势与电压的区别与联系**

电动势与电压是两个物理意义不同的物理量。

（1）电动势存在于电源内部，是衡量电源力做功本领的物理量；电压存在于电源的内、外部，是衡量电场力做功本领的物理量。

（2）电动势的方向从负极指向正极，即电位升高的方向；电压的方向是从这个正极指向负极，即电位降低的方向。

**知识精练**

1. 电动势的方向规定为在电源内部由＿＿＿＿极指向＿＿＿＿极，是电位＿＿＿＿的方向。

2. 在外电路，电流由＿＿＿＿极流向＿＿＿＿极，是＿＿＿＿力做功；在内电路电流由＿＿＿＿极流向＿＿＿＿极，是＿＿＿＿力做功。

3. 在电源内部，电源力做了 20 J 的功，将 4 C 电荷量的正电荷由负极移到正极，则电源的电动势为多少？

## 1.6 电阻和电阻定律

> 本节知识

**1. 电阻**

定义：表示物质对带电粒子定向移动存在阻碍作用的物理量称为电阻。

本质：导体中的自由电子在电场力的作用下定向运动。做定向运动的自由电子，要与在平衡位置附近不断振动的原子核发生碰撞，阻碍了自由电子的定向运动。这种阻碍作用使自由电子定向运动的平均速度降低，自由电子的一部分动能转换成分子热能。

在一般条件下，任何物质都存在分子热运动，所以任何物体都有电阻。当有电流流过时，都要消耗一定的能量。

**2. 电阻定律**

经实验证明，在温度不变时，一定材料制成的导体的电阻跟它的长度成正比，跟它的截面积成反比，这个实验规律叫作电阻定律。

均匀导体的电阻可用公式表示为

$$R = \rho \frac{L}{S} \tag{1-4}$$

式中 $\rho$——电阻率，其值由导体材料的性质决定，单位是欧［姆］米，符号为 $\Omega \cdot m$；

$L$——导体的长度，单位是米，符号为 m；

$S$——导体的截面积，单位是平方米，符号为 $m^2$；

$R$——导体的电阻，单位是欧［姆］，符号为 $\Omega$。

在国际单位制中，电阻的常用单位还有千欧（$k\Omega$）和兆欧（$M\Omega$）：

$$1 \ k\Omega = 10^3 \ \Omega$$
$$1 \ M\Omega = 10^3 \ k\Omega = 10^6 \ \Omega$$

**3. 电阻与温度的关系**

对金属导体而言，温度升高使分子的热运动加剧，而自由电子数几乎不随温度变化，电荷运动时碰撞运动次数增多，受到的阻碍作用加大，导体的电阻增加。

有些半导体，温度升高自由电荷数目增加所起的作用超过分子热运动加剧所起的阻碍作用，电阻减小。

电阻随温度的变化关系可表示为

$$R_2 = R_1 [1 + \alpha(t_2 - t_1)] \tag{1-5}$$

式中 $R_1$——导体在温度 $t_1$ 时的电阻；

$R_2$——导体在温度 $t_2$ 时的电阻；

$\alpha$——导体的温度系数，单位为 1/℃。

**例题讲解**

**【例 1-6】** 一根铜导线长 $L = 6\,000$ m,截面积 $S = 3$ mm$^2$,导线的电阻是多少?

**解**:查表可知铜的电阻率 $\rho = 1.75 \times 10^{-8}$ Ω·m,由电阻定律可求得

$$R = \rho \frac{L}{S} = 1.75 \times 10^{-8} \times \frac{6\,000}{3 \times 10^{-6}} = 35 \text{ (Ω)}$$

**【例 1-7】** 有一根阻值为 1 Ω 的电阻丝,将它均匀拉长为原来的 2 倍,拉长后的电阻丝的阻值为( )。

A. 1 Ω  B. 2 Ω  C. 4 Ω  D. 6 Ω

**解**:设电阻丝长为 $L$,截面积 $S$,则它的体积 $V = SL$。

$$R = \rho \frac{L}{S} = 1 \text{ Ω} \tag{1}$$

在均匀拉长过程中,体积 $V$ 不变,$L' = 2L$,则 $S' = S/2$。

$$R' = \rho \frac{L'}{S'} = \rho \frac{2L}{S/2} = 4\rho \frac{L}{S} \tag{2}$$

由式(2)/式(1)得 $\quad \dfrac{R'}{R} = 4 \quad R' = 4R = 4$ Ω

所以,正确的答案为 C。

方法二:$R' = n^2 R = 2^2 R = 4R = 4$ Ω。

结论:当电阻丝的长变为原来的 $n$ 倍时,则变化后的电阻 $R' = n^2 R$。

**知识精练**

一、填空题

1. 导体对电流的_____作用称为电阻。
2. 均匀导体的电阻与导体的长度成_____比,与导体的横截面积成_____比,不仅与材料性质有关,而且还与_____有关。
3. 电阻率的大小反映了物质的_____能力,电阻率小说明物质导电能力_____,电阻率大说明物质导电能力_____。
4. 一般来说,金属的电阻率随温度的升高而_____,碳等纯半导体和绝缘体的电阻率则随测试的升高而_____。
5. 一条均匀的电阻丝对折后,接到原来的电路中,在相同的时间内电阻丝产生的热量是原来的_____倍。

二、选择题

1. 一根导体的电阻为 $R$,若将其从中间对折合并成一根新导线,其阻值为( )。
A. $R/2$  B. $R$  C. $R/4$  D. $R/8$

2. 甲乙两导体由同种材料做成,长度之比为 3:5,直径之比为 2:1,则它们的电阻之比为( )。
A. 12:5  B. 3:20  C. 7:6  D. 20:3

3. 制造标准电阻器的材料一定是( )。
A. 高电阻率材料  B. 低电阻率材料

  C. 高温度系数材料        D. 低温度系数材料

  4. 导体的电阻是导体本身的一种性质，以下说法错误的是（  ）。

  A. 和导体面积有关        B. 和导体长度有关

  C. 和环境温度无关        D. 和材料性质有关

  5. 一粗细均匀的导线，当其两端电压为 $U$ 时，通过的电流为 $I$，若此导线均匀拉长为原来的 2 倍，保持电流不变，则导线两端所加电压应为（  ）

  A. $0.5U$      B. $U$      C. $2U$      D. $4U$

### 三、计算题

  1. 一根铜导线长 $L = 4\,000$ m，截面积为 $S = 10$ mm$^2$，导线的电阻是多少？（铜的电阻率 $\rho = 1.75 \times 10^{-8}$ Ω·m）若将它截成等长的两段，每段的电阻是多少？若将它拉长为原来的 2 倍，电阻又将是多少？

  2. 有一根阻值为 9 Ω 的电阻丝，将它的长度均匀变为原来的 1/3，改变后的电阻丝的阻值为多少？

## 1.7 电路和欧姆定律

> 本节知识

### 1. 电路

  电路——由实际元件构成的电流的通路。

  电路由电源、负载、连接导线、控制和保护装置四部分组成。

  （1）电源——向电路提供能量的设备。它能把其他形式的能转换成电能。常见的电源有干电池、蓄电池、发电机等。

  （2）负载——即用电器，它是各种用电设备的总称。其作用是把电能转换为其他形式的能，为人们服务，如白炽灯、电动机、电加热器等。

  （3）连接导线——它把电源与负载接成闭合回路，输送和分配电能。一般常用的导线是铜线和铝线。

(4) 控制和保护装置——用来控制电路的通断，保护电路的安全，使电路能正常工作，如开关、保险丝（熔断器）、继电器等。

**2. 部分电路欧姆定律**

在电阻一定时，导体中的电流跟这段导体两端的电压成正比，在电压不变的情况下，导体中的电流跟导体的电阻成反比。把以上实验结果综合起来得出结论，即欧姆定律。

关联参考方向时，部分电路欧姆定律可以用公式表示为

$$I = \frac{U}{R}$$

**注意：**

(1) 当 $U$、$I$ 为非关联参考方向（$U$、$I$ 参考方向相反）时，欧姆定律应写成 $I = -\frac{U}{R}$，式中 " - " 切不可漏掉。

(2) 电阻值不随电压、电流变化而变化的电阻叫作线性电阻，由线性电阻组成的电路叫作线性电路。阻值随电压、电流的变化而改变的电阻，叫作非线性电阻，含有非线性电阻的电路叫作非线性电路。

**3. 全电路欧姆定律**

全电路是一个由电源和负载组成的闭合电路。对全电路进行分析研究时，必须考虑电源的内阻。$R$ 为负载的电阻，$E$ 为电源电动势，$r$ 为电源的内阻。

全电路欧姆定律可用公式表示为

$$I = \frac{E}{R + r} \tag{1-6}$$

式中　$E$——电源电动势，单位是伏［特］，符号为 V；

　　　$R$——负载电阻，单位是欧［姆］，符号为 Ω；

　　　$r$——电源内阻，单位是欧［姆］，符号为 Ω；

　　　$I$——闭合电路中的电流，单位是安［培］，符号为 A。

闭合电路欧姆定律说明：闭合电路中的电流与电源电动势成正比，与电路的总电阻（内电路电阻与外电路电阻之和）成反比。

外电路电压 $U_{外}$ 又叫路端电压或端电压，$U_{外} = E - rI$。当 $R$ 增大时，$I$ 减小，$rI$ 减小，$U_{外}$ 增大。当 $R \sim \infty$（断路）时，$I \sim 0$，则 $U_{外} = E$，断路时端电压等于电源电动势。

*例题讲解*

**【例 1-8】** 有一闭合电路，电源电动势 $E = 12$ V，其内阻 $r = 2$ Ω，负载电阻 $R = 10$ Ω，试求：电路中的电流、负载两端的电压、电源内阻上的电压降。

**解：** 根据全电路欧姆定律

$$I = \frac{E}{R + r} = \frac{12}{10 + 2} = 1 \text{ (A)}$$

由部分电路欧姆定律，可求负载两端电压

$$U_{外} = RI = 10 \times 1 = 10 \text{ (V)}$$

电源内阻上的电压降为

$$U_内 = rI = 2 \times 1 = 2 \text{ （V）}$$

### 知识精练

**一、填空题**

1. 导体中的电流与这段导体两端的_____成正比，与导体的_____成反比。
2. 闭合电路中的电流与电源的电动势成_____比，与电路的总电阻成_____比。
3. 全电路欧姆定律又可表述为：电源电动势等于_____和_____之和。
4. 电路通常有_____、_____和_____三种状态。
5. 某太阳能电池板不接负载时的电压是 600 μV，短路电流是 30 μA，求这块电池板的内阻为_____。
6. 已知电炉丝的电阻是 44 Ω，通过的电流是 5 A，则电炉所加的电压是_____V。
7. 电源电动势 $E = 4.5$ V，内阻 $r = 0.5$ Ω，负载电阻 $R = 4$ Ω，则电路中的电流 $I =$ _____A，端电压 $U =$ _____V。
8. 一个电池和一个电阻组成了最简单的闭合回路。当负载电阻的阻值增加到原来的 3 倍时，电流变为原来的一半，则原来内、外电阻的阻值比为_____。

**二、选择题**

1. 用电压表测得电路端电压为零，这说明（    ）。
   A. 外电路断路　　　　　　　　　　B. 外电路短路
   C. 外电路上电流比较小　　　　　　D. 电源内电阻为零
2. 电源电动势是 2 V，内阻 0.1 Ω，当外电路断开和短路时，外电路中的电流和端电压分别是（    ）。
   A. 断开时，分别为 0 A 和 0 V　　　B. 断开时，分别为 20 A 和 2 V
   C. 短路时，分别为 0 A 和 0 V　　　D. 短路时，分别为 20 A 和 0 V
3. 一个电源分别接上 2 Ω 和 8 Ω 的电阻时，两个电阻消耗的电功率相等，则电源的内阻为（    ）。
   A. 1 Ω　　　　B. 2 Ω　　　　C. 4 Ω　　　　D. 8 Ω
4. 如图 1.3 所示电路中电灯灯丝被烧断，则（    ）。

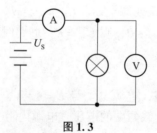

图 1.3

A. 安培表读数不变，伏特表读数为零
B. 伏特表读数不变，安培表读数为零
C. 安培表和伏特表的读数都为零
D. 安培表和伏特表的读数都不变

### 三、计算题

1. 有一个电阻,在它两端加上 4 V 的电压时,通过电阻的电流为 2 A,假如将电压变为 10 V,则通过电阻的电流为多少?

2. 两个电阻的伏安特性曲线如图 1.4 所示,则 $R_a$ 比 $R_b$ 大还是小?为什么?并求出 $R_a$ 和 $R_b$ 分别为多少?

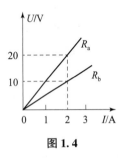

图 1.4

3. 已知某电池的电动势为 2.75 V,在电池的两端接有一个阻值为 5 Ω 的电阻,测得电路中的电流为 500 mA,求电池的端电压和内阻。

4. 如图 1.5 所示,已知 $E = 100$ V,$r = 1$ Ω,$R = 99$ Ω。试求开关 S 在不同位置时电流表和电压表的计数。

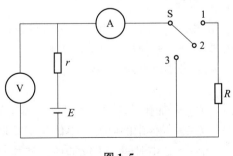

图 1.5

5. 某电源的外特性曲线如图 1.6 所示，求此电源的电动势 $E$ 及内阻 $r$。

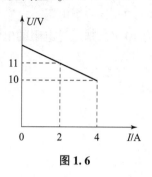

图 1.6

6. 某同学用伏安法测量一电阻元件的电阻值，实验室所用电压表的电阻为 1 000 Ω，电流表的电阻为 1 Ω，测量电路如图 1.7 所示，实验读数为：$U = 5$ V，$I = 0.01$ A，根据欧姆定律测得 $R_x = 500$ Ω，求（1）$R_x$ 的实际值为多少？（2）简述误差产生的原因。（3）画出改进实验电路图。

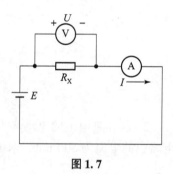

图 1.7

## 1.8 电能、电功率及最大输出定理

**本节知识**

**1. 电能**

在电场力作用下，电荷定向运动形成的电流所做的功叫作电能。电流做功的过程就是将电能转换成其他形式的能的过程。

电能可用以下公式计算

$$W = Uq = UIt \tag{1-7}$$

式中　$U$——加在导体两端的电压，单位是伏［特］，符号为 V；

　　　$I$——导体中的电流，单位是安［培］，符号为 A；

　　　$t$——通电时间，单位是秒，符号为 s；

　　　$W$——电能，单位是焦［耳］，符号为 J。

上式表明，电流在一段电路上所做的功，与这段电路两端的电压、电路中的电流和通电时间成正比。

对于纯电阻电路欧姆定律成立，电能也可由下式计算。

$$W = \frac{U^2}{R}t = RI^2 t$$

**2. 电功率**

电流在单位时间内所做的功叫作电功率，它是描述电流做功快慢的物理量。

电功率的计算公式为

$$P = \frac{W}{t} \qquad (1-8)$$

式中　$W$——电流所做的功（即电能），单位是焦［耳］，符号为 J；

　　　$t$——完成这些功所用的时间，单位是秒，符号为 s；

　　　$P$——电功率，单位是瓦［特］，符号为 W。

在直流情况下且电流与电压为关联参考方向时，电功率有如下表示形式：

$$P = UI \qquad (1-9)$$

如果电流、电压为非关联参考方向，式（1-9）前面应加"-"。

在这个规定下，$P>0$ 说明电路元件在消耗（吸收）电能；反之 $P<0$ 则为发出（供出）电能。

对于线性电阻元件而言，电功率公式还可以写成

$$P = UI = \frac{U^2}{R} = RI^2$$

**3. 电路中的功率平衡**

在一个闭合回路中，根据能量守恒和转化定律，电源电动势发出的功率等于负载电阻和电源内阻消耗的功率，即

$$P_{电源} = P_{负载} + P_{内阻}$$

**4. 最大功率输出定理**

当负载电阻 $R$ 和电源内阻 $r$ 相等时，电源输出功率最大（负载获得最大功率 $P_m$），即当 $R = r$ 时，有

$$P_m = \frac{E^2}{4R} \qquad (1-10)$$

**例题讲解**

【例 1-9】　某一办公车间原使用 60 只额定电压为 220 V，功率为 100 W 的白炽灯，现改为用 50 只额定电压为 220 V，日光灯灯管功率为 60 W，镇流器功率为 7 W，若每天使用 8 小时，以 365 天来算一年可以节约多少度电？

解：$W = Pt = [60 \times 100 - (60+7) \times 50] \times 10^{-3} \times 8 \times 365 = 7738(度)$

一年可以节约 7 738 度电。

### 知识精练

**一、填空题**

1. 电流所做的功，简称_____，用字母_____表示，单位是_____；电流在单位时间内所做的功，称为_____，用字母_____表示，单位是_____。
2. 电能的另一个单位是_____，它和焦耳的换算关系为_____。
3. 电流通过导体时使导体发热的现象称为_____，所产生的热量用字母_____表示，单位是_____。
4. 电流通过一段导体所产生的热量与_____成正比，与导体的_____成正比，与_____成正比。
5. 电气设备在额定功率下的工作状态，叫作_____工作状态，也叫_____；低于额定功率的额定状态叫_____；高于额定功率的工作状态叫_____或_____，一般不允许出现_____。
6. 在 2 s 内供给 12 Ω 电阻的能量为 2 400 J，则该电阻两端的电压为_____V。
7. 若灯泡电阻为 20 Ω，通过灯泡的电流为 100 mA，则灯泡在 8 h 内所做的功是_____J，合_____度。
8. 一个 220 V/60 W 的灯泡，其额定电流为_____A，电阻为_____Ω。
9. 某电阻元件的额定参数为"1 kΩ、2.5 W"，正常使用时允许流过的最大电流为_____mA。

**二、选择题**

1. 为使电炉上消耗的功率减小到原来的一半，应使（    ）。
   A. 电压加倍　　　　　　　　　　　B. 电压减半
   C. 电阻加倍　　　　　　　　　　　D. 电阻减半
2. 6 V/6 W 的灯泡，接入 6 V 电路中，通过灯丝的实际电流是（    ）A。
   A. 1　　　　B. 0.5　　　　C. 0.25　　　　D. 0.125
3. 220 V 的照明用输电线，每根导线电阻为 1 Ω，通过电流为 10 A，则 1 min 内可产生热量（    ）J。
   A. $1 \times 10^3$　　　B. $6 \times 10^3$　　　C. $6 \times 10^2$　　　D. $1 \times 10^2$
4. 2 度电可供 220 V/40 W 的灯泡正常发光（    ）h。
   A. 40　　　　B. 80　　　　C. 90　　　　D. 50

**三、计算题**

1. 一个灯泡标有"220 V，40 W"的字样，则灯泡的热态电阻是多少？若将它接到路端电压为 110 V 的电路中，通过灯泡的电流为多少？

2. 一个灯泡标有"220 V，100 W"的字样，若将它接到 110 V 的电源上，它实际消耗的功率为多少？

3. 如图 1.8 所示，$E = 100$ V，负载电阻 $R$ 为 98 Ω，电源内阻 $r$ 为 2 Ω，试求：负载电阻消耗的功率 $P_负$、电源内阻消耗功率 $P_内$ 及电源提供的功率 $P$。

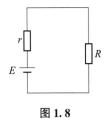

图 1.8

4. 两个长度相同且均由圆截面铜导线制成的电阻器接在相同的电压上，已知一种铜导线的直径为另一种铜导线直径的 3 倍，试求两个电阻器所消耗的功率比。

5. 如图 1.9 所示，灯 HL1 的电阻为 5 Ω，HL2 的电阻为 4 Ω，S1 合上时灯泡 HL1 的功率为 5 W，S1 分断、S2 合上时灯泡 HL2 的功率为 5.76 W，求 $E$ 和 $r$。

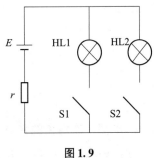

图 1.9

# 第二章　直流电路

> **本章考纲**

（1）元器件的识别与应用：认识电压源、电流源的符号。
（2）仪器仪表的使用与操作：会使用直流电桥测量电阻。
（3）典型电路的连接与应用：会连接典型电阻串联、并联和混联应用电路；并会计算典型电阻串联、并联和混联应用电路的电阻、电流、电压、功率，运用支路电流法、戴维南定理、叠加定理计算复杂直流电路。
（4）常用电子电气设备的维护与使用：会分析电压表、电流表的扩大量程原理；会选择电阻的大小和连接方式来扩大电压表、电流表的量程。

## 2.1　电阻串联电路

> **本节知识**

**1. 电阻串联电路的定义**

把几个电阻依次连接起来组成中间无分支的电路，叫作电阻串联电路。图 2.1 所示为几个电阻组成的串联电路。

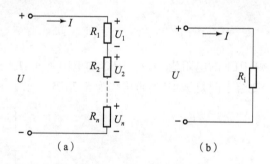

图 2.1
(a) 电阻串联电路；(b) 等效电路

**2. 电阻串联电路的特点**

（1）串联电路中电流处处相等。当 $n$ 个电阻串联时，则
$$I_1 = I_2 = I_3 = \cdots = I_n$$

（2）电路两端的总电压等于串联电阻上分电压之和。

$$U = U_1 + U_2 + U_3 + \cdots + U_n$$

（3）电路的总电阻等于各串联电阻之和。

当 $n$ 个电阻串联时，则 $R = R_1 + R_2 + R_3 + \cdots + R_n$；

当 $n$ 个阻值都为 $R_0$ 的电阻串联时，则 $R = nR_0$。

（4）串联电路中的电压分配和功率分配关系。

由于串联电路中的电流处处相等，所以

$$I = \frac{U_1}{R_1} = \frac{U_2}{R_2} = \cdots = \frac{U_n}{R_n} \quad \rightarrow \quad I^2 = \frac{P_1}{R_1} = \frac{P_2}{R_2} = \cdots = \frac{P_n}{R_n}$$

上述两式表明，串联电路中各个电阻两端的电压与各个电阻的阻值成正比；各个电阻所消耗的功率也和各个电阻阻值成正比。推广开来，当串联电路由 $n$ 个电阻构成时，可得串联电路分压公式

$$\begin{cases} U_1 = \dfrac{R_1}{R_1 + R_2 + R_3 + \cdots + R_n} U \\ U_2 = \dfrac{R_2}{R_1 + R_2 + R_3 + \cdots + R_n} U \\ \vdots \\ U_n = \dfrac{R_n}{R_1 + R_2 + R_3 + \cdots + R_n} U \end{cases}$$

**3. 电阻串联电路的应用**

（1）利用电阻串联电路的分压原理制作分压器。

（2）利用固定分压器的原理可以制成多量程电压表。

（3）利用串联电阻的方法扩大电压表的量程。电压表的量程要扩大 $n$ 倍，应该串联一个 $(n-1)R_g$ 的电阻。

### 例题讲解

【例 2 - 1】 如图 2.2 所示电路中，已知电源电压 $U = 36$ V，电阻 $R_1 = 1$ kΩ，$R_2 = 3$ kΩ。试求：电路的总电阻、总电流、流过两个电阻的电流和两个电阻两端的电压分别是多少？两个电阻上消耗的功率分别为多少及电源提供的功率？

解：电路的总电阻 $R = R_1 + R_2 = 1 + 3 = 4$ （kΩ）

电路的总电流 $I = U/R = 36/4\ 000 = 0.009$ （A） $= 9$ （mA）

流过两个电阻的电流也为 9 mA。

$$U_1 = I \times R_1 = 9 \text{ mA} \times 1 \text{ kΩ} = 9 \text{ V}$$
$$U_2 = I \times R_2 = 9 \text{ mA} \times 3 \text{ kΩ} = 27 \text{ V}$$
$$P_1 = U_1 \times I = 9 \text{ V} \times 9 \text{ mA} = 0.081 \text{ W}$$
$$P_1 = U_2 \times I = 27 \text{ V} \times 9 \text{ mA} = 0.243 \text{ W}$$
$$P = UI = 36 \text{ V} \times 9 \text{ mA} = 0.324 \text{ W}$$

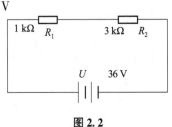

图 2.2

【例 2 - 2】 三个电阻 $R_1$、$R_2$、$R_3$ 组成的串联电路，$R_1 = 1$ Ω，$R_2 = 3$ Ω，$R_2$ 两端的电压 $U_2 = 6$ V，总电压 $U = 18$ V，求电路中的电流及电阻 $R_3$。

**解**：根据欧姆定律

$$I_2 = U_2/R_2 = 6/3 = 2 \text{ (A)}$$

根据欧姆定律求的电路的总电阻 $R$ 为

$$R = U/I = 18/2 = 9 \text{ (}\Omega\text{)}$$

由于串联电路总电阻等于各个串联电阻之和，所以

$$R_3 = R - R_1 - R_2 = 9 - 1 - 3 = 5 \text{ (}\Omega\text{)}$$

### 知识精练

**一、填空题**

1. 电阻串联可获得阻值_____电阻，可限制和调节电路中的_____，可构成_____，还可扩大电表测量_____的量程。

2. 如图 2.3 所示，$R_1 = 2R_2$，$R_2 = 2R_3$，$R_2$ 两端的电压为 10 V，则电源电动势 $E =$ _____（设电源内阻为零）。

3. 两个电阻 $R_1$ 和 $R_2$，已知 $R_1 : R_2 = 3 : 2$。若它们在电路中串联，则两电阻上的电压比 $U_1 : U_2 =$ _____；两电阻上的电流比 $I_1 : I_2 =$ _____；它们消耗的功率比 $P_1 : P_2 =$ _____。

4. 如图 2.4 所示，$R_2 = R_4$，$U_{AD} = 120$ V，$U_{CE} = 80$ V，则 $A$、$B$ 间电压 $U_{AB} =$ _____ V。

5. 如图 2.5 所示，电压表内阻很大，每个电池的电动势为 1.5 V，内电阻为 0.3 Ω，则电压表的读数是_____，电池组的内阻是_____。

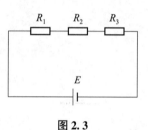

图 2.3

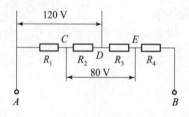

图 2.4

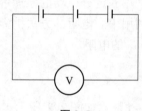

图 2.5

**二、选择题**

1. 标明 400 Ω/100 W 和 400 Ω/25 W 的两个电阻串联时，允许加的最大电压为（　　）V。

A. 400　　　　B. 200　　　　C. 800　　　　D. 100

2. 灯 A 的额定电压为 220 V，功率为 200 W，灯 B 的额定电压为 220 V，功率是 100 W，若把它们串联接到 220 V 电源上，则（　　）。

A. 灯 A 较亮　　　　　　　　　　　B. 灯 B 较亮
C. 两灯一样亮　　　　　　　　　　D. 无法比较

3. 如图 2.6 所示，开关 S 闭合与打开时，电阻 $R$ 上电流之比为 2 : 1，则 $R$ 的阻值为（　　）Ω。

A. 240　　　　B. 120　　　　C. 60　　　　D. 30

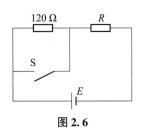

图 2.6

4. 给内阻为 100 kΩ、量程为 1 V 的电压表串联电阻后,量程扩大为 100 V,则串联电阻为（　　）kΩ。

A. 100　　　　　　B. 900　　　　　　C. 9 900　　　　　　D. 990

5. 一量程为 1 mA,内阻为 100 Ω 的电流表,若要改装成 10 V 的电压表,需要（　　）。

A. 串联一个 9 900 Ω 电阻　　　　　　B. 并联一个 990 Ω 电阻

C. 串联一个 111 Ω 电阻　　　　　　　D. 并联一个 111 Ω 电阻

6. $R_1$ 和 $R_2$ 串联,若 $R_1:R_2=2:1$ 且 $R_1$ 和 $R_2$ 消耗的总功率为 30 W,则 $R_1$ 消耗的功率是（　　）。

A. 5 W　　　　　　B. 10 W　　　　　　C. 15 W　　　　　　D. 20 W

### 三、计算题

1. 3 个电阻 $R_1=3$ kΩ,$R_2=2$ kΩ,$R_3=1$ kΩ,串联后接到 $U=36$ V 的直流电源上。试求:（1）电路中的电流;（2）各电阻上的电压降;（3）各个电阻所消耗的功率。

2. 如图 2.7 所示,$R_1=10$ Ω,$R_2=30$ Ω,$R_3=20$ Ω,输入电压 $U_i=24$ V,试求输出电压 $U_o$ 的变化范围。

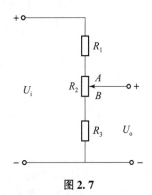

图 2.7

3. 设计分压电路,将一个电阻 $R_g = 1\ 000\ \Omega$,满偏电流 $I_g = 1\ \text{mA}$ 的电流计改装成量程为 3 V 的电压表。

## 2.2 电阻并联电路

**本节知识**

**1. 电阻并联电路的定义**

把两个或两个以上的电阻接到电路中的两点之间,电阻两端承受同一个电压的电路,叫作电阻并联电路,如图 2.8 所示。

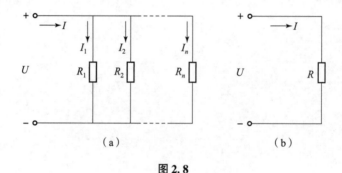

图 2.8

(a) 电阻并联电路;(b) 等效电路

**2. 电阻并联电路的特点**

(1) 电路中各个电阻两端的电压相同,即
$$U_1 = U_2 = U_3 = \cdots = U_n \tag{2-1}$$

(2) 电阻并联电路总电流等于各支路电流之和,即
$$I = I_1 + I_2 + I_3 + \cdots + I_n \tag{2-2}$$

(3) 并联电路的总阻值的倒数等于各并联电阻的倒数的和,即
$$\frac{1}{R} = \frac{1}{R_1} + \frac{1}{R_2} + \frac{1}{R_3} + \cdots + \frac{1}{R_n} \tag{2-3}$$

(4) 电阻并联电路的电流分配和功率分配关系:

在并联电路中,并联电阻两端电压相同,所以

$$U = R_1 I_1 = R_2 I_2 = R_3 I_3 = \cdots = R_n I_n$$
$$\downarrow$$
$$U^2 = R_1 P_1 = R_2 P_2 = R_3 P_3 = \cdots = R_n P_n$$

上式表明，并联电路中各支路电流与电阻成反比；各支路电阻消耗的功率和电阻成反比。

当两个电阻并联时，通过每个电阻的电流可以用分流公式计算，分流公式为

$$\begin{cases} I_1 = \dfrac{R_2}{R_1 + R_2} \cdot I \\ I_2 = \dfrac{R_1}{R_1 + R_2} \cdot I \end{cases} \tag{2-4}$$

式（2-4）说明，在电阻并联电路中，电阻小的支路通过的电流大；电阻大的支路通过的电流小。

**注意**：电阻并联电路在日常生活中应用十分广泛，例如：照明电路中的用电器通常都是并联供电的。只有将用电器并联使用，才能在断开、闭合某个用电器时，或者某个用电器出现断路故障时，保障其他用电器能够正常工作。

#### 例题讲解

【**例 2 - 3**】 如图 2.9 所示电路图中，$R_1 = 300\ \Omega$，$R_2 = 600\ \Omega$，电源电动势 $E = 12\ \text{V}$，不计电源内阻，试求：$I$、$I_1$、$I_2$、$R$、$P$、$P_1$、$P_2$。

**解**：$I_1 = E/R_1 = 12/300 = 0.04$（A）
$I_2 = E/R_2 = 12/600 = 0.02$（A）
$I = I_1 + I_2 = 0.04 + 0.02 = 0.06$（A）
$R = E/I = 12/0.06 = 200$（Ω）
$P = EI = 12 \times 0.06 = 0.72$（W）
$P_1 = EI_1 = 12 \times 0.04 = 0.48$（W）
$P_2 = EI_2 = 12 \times 0.02 = 0.24$（W）

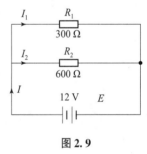

图 2.9

#### 知识精练

**一、填空题**

1. 把多个元件_____地连接起来，由_____供电就组成了并联电路。

2. 电阻并联可获得阻值_____的电阻，还可以扩大电表测量_____的量程。

3. 有两个电阻，当把它们串联起来时总电阻是 10 Ω，当把它们并联起来时总电阻是 2.5 Ω，这两个电阻分别为_____Ω 和_____Ω。

4. 两个电阻 $R_1$ 和 $R_2$，已知 $R_1 : R_2 = 1 : 2$。若它们在电路中并联，则两电阻上的电压比 $U_1 : U_2 =$ _____；两电阻上的电流比 $I_1 : I_2 =$ _____；它们消耗的功率比 $P_1 : P_2 =$ _____。

5. 两个并联电阻，其中 $R_1 = 200\ \Omega$，通过 $R_1$ 的电流 $I_1 = 0.2\ \text{A}$，通过整个并联电路的电流 $I = 0.6\ \text{A}$，则 $R_2 =$ _____Ω，通过 $R_2$ 的电流 $I_2 =$ _____A。

6. 当用电器的额定电流比单个电池允许通过的最大电流大时，可采用_____电池

组供电，但这时用电器的额定电压必须_____单个电池的电动势。

## 二、选择题

1. 已知 $R_1 > R_2 > R_3$，若将此三只电阻并联接在电压为 $U$ 的电源上，获得最大功率的电阻将是（　　）。

   A. $R_1$　　　　　　　B. $R_2$　　　　　　　C. $R_3$

2. 标明 100 Ω/16 W 和 100 Ω/25 W 的两个电阻并联时两端允许加的最大电压是（　　）V。

   A. 40　　　　　　　B. 50　　　　　　　C. 90

3. $R_1$ 和 $R_2$ 为两个并联电阻，已知 $R_1 = 2R_2$ 且 $R_2$ 上消耗的功率为 1 W，则 $R_1$ 上消耗的功率为（　　）W。

   A. 2　　　　　B. 1　　　　　C. 4　　　　　D. 0.5

4. 如图 2.10 所示，$ab$ 端的等效电阻为（　　）。

   A. 1/2$R$　　　B. 1/3$R$　　　C. $R$　　　D. 3$R$

5. 如图 2.11 所示电路将内阻为 $R_g = 1\ \text{k}\Omega$，最大电流 $I_g = 100\ \mu\text{A}$ 的表头改为 1 mA 电流表，则 $R_1$ 为（　　）Ω。

   A. 100/9　　　B. 90　　　C. 99　　　D. 1 000/9

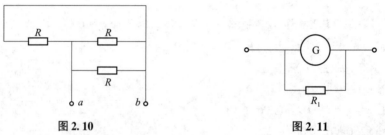

图 2.10　　　　　　　　　　　　图 2.11

6. 如图 2.12 所示电路中，电阻 $R$ 为（　　）Ω。

   A. 1
   B. 5
   C. 7
   D. 6

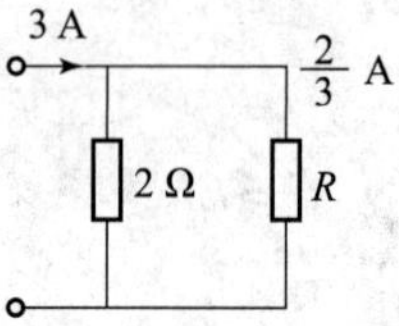

图 2.12

## 三、计算题

1. 在 220 V 电源上并联接入两只白炽灯，它们的功率分别为 100 W 和 40 W，这两只灯从电源取用的总电流是多少？

2. 如图 2.13 所示电路中，$U_{ab}=60$ V，总电流 $I=150$ mA，$R_1=1.2$ kΩ。试求：(1) 通过 $R_1$、$R_2$ 的电流 $I_1$、$I_2$ 的值；(2) 电阻 $R_2$ 的大小。

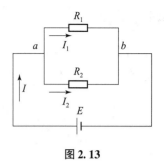

图 2.13

3. 设计一个分流电路，要求把 5 mA 的电流表量程扩大 5 倍，已知电流表内阻为 1 kΩ，求分流电阻阻值。

# 2.3 电阻混联电路

## 本节知识

**1. 电阻混联电路定义**

既有电阻串联又有电阻并联的电路，称为电阻混联电路。本次课我们来学习混联电路的一种常用分析方法。

**2. 等电位分析法**

关键：将串联、并联关系复杂的电路通过一步步地等效变换，按电阻串联、并联关系，逐一将电路化简。

等电位分析法步骤：

(1) 确定等电位点、标出相应的符号。

导线的电阻和理想电流表的电阻可以忽略不计，可以认为导线和电流表连接的两点是等电位点。对等电位点标出相应的符号。

(2) 画出串联、并联关系清晰的等效电路图。

由等电位点先确定电阻的连接关系，再画电路图。根据支路多少由简至繁，从电路的一端画到另一端。

（3）求解。

根据欧姆定律，电阻串联、并联的特点和电功率计算公式列出方程并求解。

### 例题讲解

【例 2-4】 如图 2.14 所示电路中，$R_1 = R_2 = R_3 = R_4 = R_5 = 6\ \Omega$，则 $A$、$B$ 间的等效电阻为多少？（2018 年高考题）

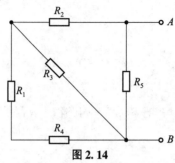

图 2.14

**解**：由图 2.14 所示电路图可得到电路结构是先 $R_1$ 和 $R_4$ 串联，再 $R_{14}$ 与 $R_3$ 并联，后 $R_{134}$ 与 $R_2$ 串联，最后是 $R_{1234}$ 与 $R_5$ 并联。

$$R_{AB} = \{[(R_1 + R_4) /\!/ R_3] + R_2\} /\!/ R_5$$
$$R_{14} = R_1 + R_4 = 6 + 6 = 12\ (\Omega)$$
$$R_{134} = R_{14} \times R_3 / (R_{14} + R_3) = 12 \times 6 / (12 + 6) = 4\ (\Omega)$$
$$R_{1234} = R_{134} + R_2 = 4 + 6 = 10\ (\Omega)$$
$$R_{AB} = R_5 \times R_{1234} / (R_5 + R_{1234}) = 6 \times 10 / (6 + 10) = 3.75\ (\Omega)$$

### 知识精练

**一、填空题**

1. 电路中元件既有_____又有_____的连接方式称为混联。

2. 电阻 $R_1 = 6\ \Omega$，$R_2 = 9\ \Omega$，两者串联起来接在电压恒定的电源上，通过 $R_1$、$R_2$ 的电流之比为_____，消耗的功率之比为_____。若将 $R_1$、$R_2$ 并联起来接到同样的电源上，通过 $R_1$、$R_2$ 的电流之比为_____，消耗的功率之比为_____。

3. 电阻负载串联时，因为_____相等，所以负载消耗的功率与电阻成_____比。而电阻负载并联时，因为_____相等，所以负载消耗的功率与电阻成_____比。

4. 如图 2.15 所示的电路中，流过 $R_2$ 的电流为 3 A，流过 $R_3$ 的电流为_____A，这时 $E$ 为_____V。

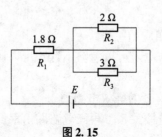

图 2.15

5. 如图 2.16 所示，当开关 S 打开时，$c$、$d$ 两点间的电压为_____V；当 S 合上时，$c$、$d$ 两点间的电压又为_____V。50 Ω 电阻的功率为_____W。

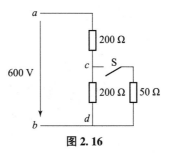

图 2.16

二、选择题

1. 如图 2.17 所示，已知 $R_1 = R_2 = R_3 = 12$ Ω，则 $A$、$B$ 两点间的总电阻应为（    ）Ω。
A. 18　　　　　　　B. 4　　　　　　　C. 0　　　　　　　D. 36

2. 如图 2.18 所示电路中，当开关 S 合上和断开时，各白炽灯的亮度变化是（    ）。
A. 没有变化
B. S 合上时各灯亮些，S 断开时各灯暗些
C. S 合上时各灯暗些，S 断开时各灯亮些
D. 无法回答，因为各灯的电阻都不知道

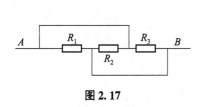

图 2.17

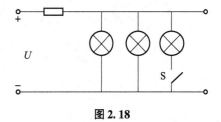

图 2.18

3. 如图 2.19 所示，电源电压是 12 V，四只瓦数相同的灯泡工作电压都是 6 V，要使灯泡正常工作，接法正确的是（    ）。

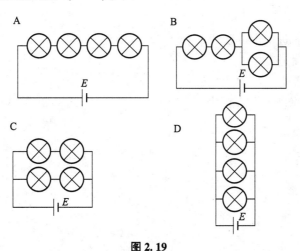

图 2.19

4. 如图 2.20 所示，$R_1 = 2\ \Omega$，$R_2 = 4\ \Omega$，$R_3 = 8\ \Omega$，$U = 14\ V$，则通过 $R_1$ 的电流和它消耗的功率为（    ）。

   A. 1 A 和 4 W

   B. 1 A 和 18 W

   C. 3 A 和 4 W

   D. 3 A 和 18 W

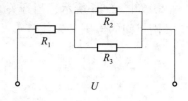

图 2.20

5. 三个阻值均为 9 Ω 的电阻连接到电路中，则得到的最小和最大电阻为（    ）。

   A. 1 Ω 和 18 Ω              B. 3 Ω 和 18 Ω

   C. 1 Ω 和 27 Ω              D. 3 Ω 和 27 Ω

6. 如图 2.21 所示电路，A、B、C、D 为相同灯泡，测得 A 灯泡的电流为 0.25 A，C 灯泡的电压为 8 V，则 D 灯泡的功率为（    ）W。

   A. 6          B. 7          C. 8          D. 9

7. 在图 2.22 所示电路中，两点间的电压为 50 V，电压表的读数为 10 V，则电压表的内阻 $R_V$ 为（    ）kΩ。

   A. 5          B. 10         C. 20         D. 30

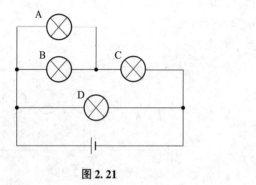

图 2.21

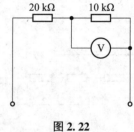

图 2.22

### 三、计算题

1. 如图 2.23 所示，已知 $R_1 = 1\ \Omega$，$R_2 = 2\ \Omega$，$R_3 = 3\ \Omega$，$R_4 = 4\ \Omega$，试就下述几种情况算出它们的总电阻。

   （1）电流由 $A$ 流进，由 $B$ 流出；

   （2）电流由 $A$ 流进，由 $C$ 流出；

   （3）电流由 $A$ 流进，由 $D$ 流出；

   （4）电流由 $B$ 流进，由 $C$ 流出。

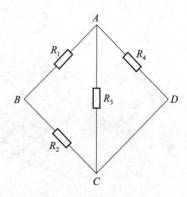

图 2.23

2. 如图 2.24 所示，已知电源电动势 $E = 30$ V，内电阻不计，外电路电阻 $R_1 = 10$ Ω，$R_2 = R_3 = 40$ Ω。求开关 S 打开和闭合时流过 $R_1$ 的电流。

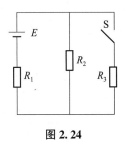

图 2.24

3. 如图 2.25 所示，开关 S 闭合时电压表的读数是 2.9 V，电流表的读数是 0.5 A；当 S 断开时电压表的读数是 3 V，外电路电阻 $R_2 = R_3 = 4$ Ω，求：
（1）电源的电动势和内阻；
（2）外电路电阻 $R_1$。

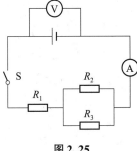

图 2.25

4. 如图 2.26 所示，$E = 10$ V，$R_1 = 200$ Ω，$R_2 = 600$ Ω，$R_3 = 300$ Ω，求开关 S 接到 1 和 2 以及 3 位置时的电压表计数。

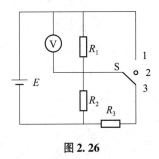

图 2.26

## 2.4 电池的连接

**本节知识**

### 1. 电池的串联

如图 2.27 所示，多个电池的正极负极依次相连，就构成了串联电池组。（第一个电池的负极和第二个电池的正极相连接，再把第二个电池的负极和第三个电池的正极相连接，依次连接下去即可。）

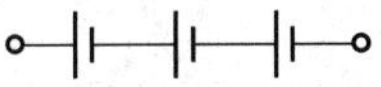

图 2.27 串联电池组

计算：

若 $n$ 个相同的电池，电动势为 $E$，内阻为 $R_0$，则串联后的电动势 $E_\text{串} = nE$，内阻 $R_{0\text{串}} = nR_0$，当负载电阻为 $R$ 时串联电池组输出的总电流为

$$I = \frac{E_\text{串}}{R + R_{0\text{串}}} = \frac{nE}{R + nR_0} \qquad (2-5)$$

**分析**：利用电池串联可以输出较高的电动势。当用电器所要求的额定电压高于单个电池电动势时，可以用串联电池组供电。

**注意**：（1）用电器的额定电流必须小于电池允许通过的最大电流；

（2）注意电池极性连接正确。

### 2. 电池的并联

把电池的正极接在一起作为电池组的正极，把电池的负极接在一起作为电池组的负极，这样连接成的电池组叫作并联电池组。

计算：

若 $n$ 个相同的电池，电动势为 $E$，内阻为 $R_0$，则并联后的电动势 $E_\text{并} = E$，内阻 $R_{0\text{并}} = \frac{R_0}{n}$，当负载电阻为 $R$ 时并联电池组输出的总电流为

$$I = \frac{E_\text{串}}{R + R_{0\text{并}}} = \frac{E}{R + \frac{R_0}{n}} \qquad (2-6)$$

**分析**：多个电池并联后，输出电动势不变，输出电流增大。所以，当用电器的额定电流大于单个电池额定电流时，可用并联电池组供电。

**注意**：电池并联时，单个电池的电动势应该满足用电器的需要。

### 3. 电池的混联

当用电器的额定电压、额定电流均高于单个电池时，应当采用混联电池组来供电。

计算：应用电池串联、并联关系一步步进行分析，分析方法类似于混联电路的分析。

**知识精练**

**一、填空题**

1. 当用电器的额定电压高于单个电池的电动势时，可用_____联电池组供电，当用电器的额定电流比单个电池允许通过的最大电流大时，可采用_____联电池供电。

2. 有 10 个相同的电池，每个电池的电动势是 $E = 1.5$ V，内阻是 $r = 0.1$ Ω，若将它们串联起来，则总电动势为_____V，总内阻为_____Ω，若将它们并联起来，则总电动势为_____V，总内阻为_____Ω。

**二、简答计算题**

1. 新旧电池为什么不能并联使用？

2. 在如图 2.28 所示的电路中，若每个电池的电动势和内阻分别为 $E=1.5$ V，$r=0.1$ Ω，若外接负载电阻 $R=9.9$ Ω，试求电池组输出的电流。

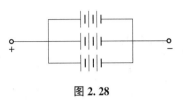

图 2.28

## 2.5 电路中各点电位的计算

*本节知识*

**1. 电路中各点电位的计算方法和步骤**

（1）确定电路中的零电位点（参考点）。通常规定大地电位为零，一般选择机壳或许多元件汇集的公共点为参考点。

（2）计算电路中某点 $A$ 的电位，就是计算 $A$ 点与参考点 $D$ 之间的电压 $U_{AD}$，在 $A$ 点和 $D$ 点之间，选择一条捷径（元件最少的简捷路径），$A$ 点电位即为此路径上全部电压之和。

（3）列出选定路径上全部电压代数和的方程，确定该点电位。

**2. 注意事项**

（1）当选定的电压参考方向与电阻中的电流方向一致时，电阻上的电压为正，反之为负。

（2）当选定的电压参考方向是从电源正极到负极，电源电压取正值，反之取负值。

（3）确定电路中各点电位的三个步骤中，最为重要的仍然是零点位的选取。合理地选取参考点，可以使后续的计算事半功倍。如何能够最好地选择参考点，需要同学们多加练习，慢慢积累经验。

*例题讲解*

【例 2-5】 在如图 2.29 所示电路中，$V_D=0$，电路中 $E_1$，$E_2$，$R_1$，$R_2$，$R_3$ 及 $I_1$、$I_2$ 和 $I_3$ 均为已知量，试求：$A$、$B$、$C$ 三点的电位。

**解**：解法一：由于 $V_D=0$，$U_{AD}=E_1$，$U_{AD}=V_A-V_D$
所以

$A$ 点电位　　　$V_A=U_{AD}=E_1$

$B$ 点电位　　　$V_B=U_{BD}=R_3 I_3$

$C$ 点电位　　　$V_C=U_{CD}=-E_2$

以上求 $A$、$B$、$C$ 三点的电位是分别通过三条最简单的路径得到的。

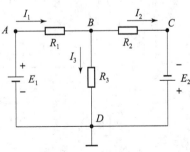

图 2.29

解法二：取定电位时，路径的选择可以是随意的，下面以 B 点为例进行分析。

当沿路径为 BAD 时，$V_B = U_{BA} + U_{AD} = -R_1I_1 + E_1$；

当沿路径为 BCD 时，$V_B = U_{BC} + U_{CD} = R_2I_2 - E_2$。

## 知识精练

### 一、填空题

1. 如图 2.30 所示，电路 A 点的电位为_____V。

2. 如图 2.31 所示，开关 S 闭合时 A 点的电位为_____V。

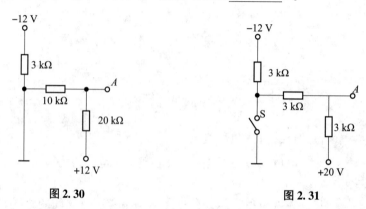

图 2.30　　　　　　　　　图 2.31

3. 电路图如图 2.32 所示，则 A 点的电位为_____。

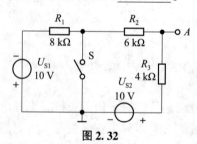

图 2.32

### 二、选择题

1. 图 2.33 中 A 点的电位和 AB 间的电位差为（　　）。

A. 0 V 和 3 V　　　　　　　　B. 0 V 和 6 V

C. 4 V 和 3 V　　　　　　　　D. 4 V 和 6 V

2. 如图 2.34 所示，电压与电流的关系为（　　）。

A. $U = -E - IR$　　　　　　B. $U = E - IR$

C. $U = -E + IR$　　　　　　D. $U = E + IR$

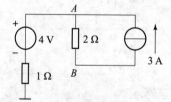

图 2.33　　　　　　　　　图 2.34

3. 一段有源电路如图 2.35 所示,则两端电压 $U_{AB}$ 为（    ）。

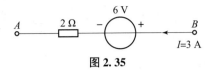

图 2.35

A. $-12$ V  
C. 6 V  

B. $-6$ V  
D. 12 V  

### 三、计算题

1. 如图 2.36 所示，$R_1 = 2\ \Omega$, $R_2 = 3\ \Omega$, $E = 6$ V，内阻不计，$I = 0.5$ A，求下列情况下 $U_{AB}$、$U_{BC}$、$U_{DC}$ 的值及 $A$ 点和 $D$ 点的电位。

(1) 当电流从 $D$ 点流向 $A$ 点时。  
(2) 当电流从 $A$ 点流向 $D$ 点时。

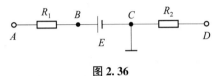

图 2.36

2. 如图 2.37 所示，求 $a$、$b$、$c$、$d$ 各点电位。

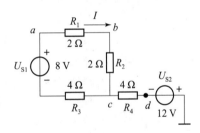

图 2.37

3. 如图 2.38 所示电路中，已知电源电动势 $E_1 = 18$ V，$E_3 = 5$ V，内电阻 $r_1 = 1\ \Omega$，$r_2 = 1\ \Omega$，外电阻 $R_1 = 4\ \Omega$，$R_2 = 2\ \Omega$，$R_3 = 6\ \Omega$，$R_4 = 10\ \Omega$，电压表 $U_{AC}$ 的读数是 28 V。求电源电动势 $E_2$ 和 $A$、$B$、$C$、$D$ 各点电位。

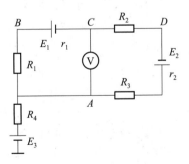

图 2.38

4. 如图 2.39 所示，为使输出电压 $U_{AB} = 0.1$ V，求其输入电压 $U_{EF}$。

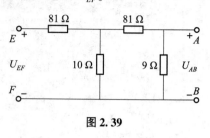

图 2.39

## 2.6 基尔霍夫定律

**本节知识**

**1. 关于电路结构的几个名词**

（1）支路：电路中流过同一电流的每一个分支叫作支路。（结合图 2.40 讲解）

流过支路的电流，称为支路电流。含有电源的支路叫含源支路，不含电源的支路叫无源支路。（结合图 2.40 讲解）

（2）节点：三条或三条以上的支路的连接点叫作节点，如图 2.40 中的 $A$、$B$ 两点。

（3）回路：电路中任何一个闭合路径叫作回路，如图 2.40 中的 $AFCBDA$ 回路、$ADBEA$ 回路和 $AFCBEA$ 回路。

（4）网孔：中间无支路穿过的回路叫网孔，如图 2.40 中的 $AFCBDA$ 回路和 $ADBEA$ 回路都是网孔。

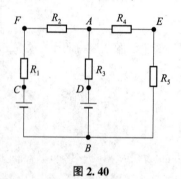

图 2.40

提示：支路、节点、回路、网孔都是重要的物理概念，容易出错。应当反复练习，及时指出出现的错误并加以纠正，强化对概念的理解。

**2. 基尔霍夫第一定律——节点电流定律（KCL）**

基尔霍夫第一定律又称节点电流定律、基尔霍夫电流定律（KCL, Kirchhoff's Current Law）。

KCL 定律指出：在任一瞬间通过电路中任一节点的电流代数和恒等于零，即

$$\sum i(t) = 0$$

在直流电路中，写作

$$\sum I = 0 \qquad (2-6)$$

如图 2.41 所示，可列出节点 $a$ 的电流方程：

$$-I_1 + I_2 + I_3 - I_4 + I_5 = 0 \qquad ①$$

对式①进行变形可得：

$$I_2 + I_3 + I_5 = I_1 + I_4 \qquad ②$$

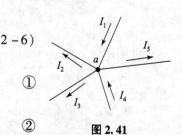

图 2.41

对式②加以分析可以看出

$$\sum I_入 = \sum I_出$$

这也是基尔霍夫电流定律的另一种表述方式：在任一时刻，对电路中的任一节点，流入节点的电流之和等于流出节点的电流之和。

需要注意的是：

(1) KCL 是电荷守恒和电流连续性原理在电路中任意节点处的反映；

(2) KCL 是对支路电流加的约束，与支路上接的是什么元件无关，与电路是线性还是非线性无关；

(3) KCL 方程是按电流参考方向列写，与电流实际方向无关。

**3. 基尔霍夫第二定律——回路电压定律（KVL）**

基尔霍夫第二定律又称回路电压定律、基尔霍夫电压定律（KVL, Kirchhoff's Voltage Law）。

KVL 定律指出：在任一时刻，对任一闭合回路，沿回路绕行方向上的各段电压代数和为零，其数学表达式为

$$\sum u(t) = 0$$

在直流电路中，表述为

$$\sum U = 0 \qquad (2-7)$$

例如：如图 2.42 所示，对于回路 ABCD 列写回路电压方程。

(1) 标定各元件电压参考方向。

(2) 选定回路绕行方向，顺时针或逆时针。

对图 2.42 中回路列 KVL 方程有

$$u_1 + u_2 - u_3 - u_4 = 0$$

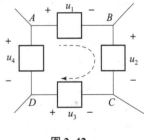

图 2.42

应当指出：在列写回路电压方程时，首先要标定电压参考方向，其次为回路选取一个回路"绕行方向"。通常规定，对参考方向与回路"绕行方向"相同的电压取正号，对参考方向与回路"绕行方向"相反的电压取负号。

需要注意的是：

(1) KVL 的实质反映了电路遵从能量守恒定律；

(2) KVL 是对回路电压加的约束，与回路各支路上接的是什么元件无关，与电路是线性还是非线性无关；

(3) KVL 方程是按电压参考方向列写，与电压实际方向无关。

### 知识精练

**一、填空题**

1. 不能用电阻串、并联化简的电路称为_____。

2. 电路中的_____称为支路，_____所汇成的交点称为节点，电路中_____都称为回路。

3. 基尔霍夫第一定律又称为_____，其内容是_____，数学表达式为_____。

4. 基尔霍夫第二定律又称为_____，其内容是_____，数学表达式为_____。

5. 电路如图2.43所示，$R_2$ 中电流从上往下为1 A，电源电动势 $E$ 为_____。

6. 如图2.44所示电路中，已知 $R_1 = 15\ \Omega$，$R_2 = 100\ \Omega$，$R_3 = 5\ \Omega$，欲使流过 $R_2$ 的电流 $I = 0$，则 $U_S$ 应为_____ V。

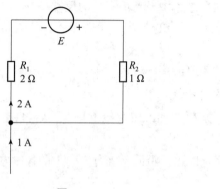

图 2.43

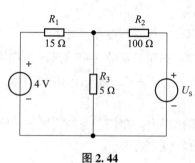

图 2.44

二、选择题

1. 某电路有3个节点和7条支路，采用支路电流法求解各支路电流时，应列出电流方程和电压方程的个数分别为（　　）。
   A. 3、4    B. 4、3    C. 2、5    D. 4、7

2. 如图2.45所示，其节点数、支路数、回路数及网孔数分别为（　　）。
   A. 2、5、3、3
   B. 3、6、4、6
   C. 2、4、6、3

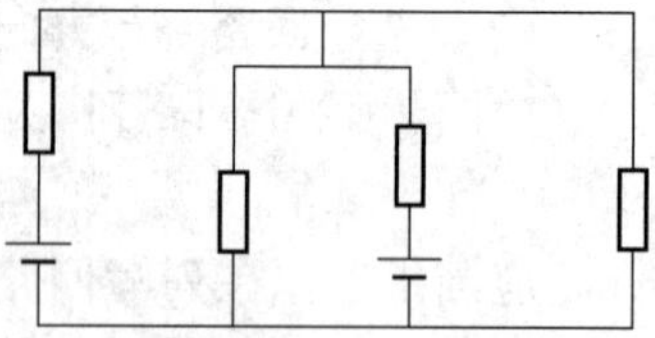

图 2.45

3. 如图2.46所示，$I = $（　　）A。
   A. 2    B. 7    C. 5    D. 6

4. 如图2.47所示，$E = $（　　）V。
   A. 3    B. 4    C. −4    D. −3

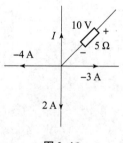

图 2.46

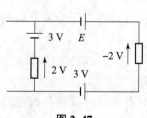

图 2.47

5. 如图2.48所示电路中，$I_1$ 和 $I_2$ 的关系为（　　）。
   A. $I_1 < I_2$    B. $I_1 > I_2$    C. $I_1 = I_2$    D. 不确定

6. 图 2.49 所示为电路中的某个节点，则 $I_4$ 为（　　）A。

A. 0　　　　　　B. 5　　　　　　C. 10　　　　　　D. 15

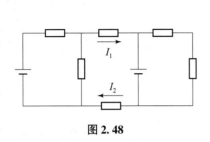

图 2.48

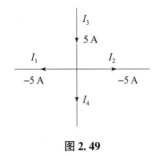

图 2.49

### 三、计算题

1. 如图 2.50 所示，求 $I_1$ 和 $I_2$ 的大小。

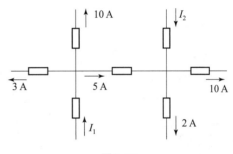

图 2.50

2. 如图 2.51 所示电路图，$U_{BC}$ 电源电动势为 2 V，则 A、B、C 三点的电位分别为多少？

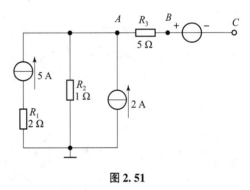

图 2.51

## 2.7　支路电流法

**本节知识**

### 1. 支路电流法定义

支路电流法是以支路电流变量为未知量，利用基尔霍夫定律和欧姆定律所决定的两类约束关系，建立数目足够且相互独立的方程组解出支路电流，进而再根据电路有关的基本概念求解电路其他响应的一种电路分析计算方法。

**2. 支路电流法分析步骤**

对于一个具有 $n$ 个节点、$b$ 条支路的电路,利用支路电流法分析计算电路的一般步骤如下:

(1) 在电路中假设出各支路($b$ 条)电流的变量,且选定其参考方向;选定网孔回路的绕行方向。

(2) 根据基尔霍夫电流定律列出独立的节点电流方程。电路有 $n$ 个节点,那么只有 $(n-1)$ 个独立的节点电流方程。

(3) 根据基尔霍夫电压定律列出独立的回路电压方程,可以列写出 $l=b-(n-1)$ 个回路电流方程。为了保证方程的独立性,一般选择网孔来列方程。

(4) 联立求解上述所列的 $b$ 个方程,从而求解出各支路电流变量,进而求解出电路中的其他响应。

**3. 小结**

支路电流法列写的是基尔霍夫电流方程和基尔霍夫电压方程,所以方程列写方便、直观,但方程数较多,宜于利用计算机求解。人工计算时,适用于支路数不多的电路。

对于一个具有 $n$ 个节点、$b$ 条支路的电路,利用支路电流法分析求解电路时可以列出 $b$ 个独立方程,包括 $(n-1)$ 个独立节点电流方程、$l=b-(n-1)$ 个回路电流方程。

**例题讲解**

【例 2-6】 电路如图 2.52 所示,已知电压源 $U_S=20\text{ V}$,电流源 $I_{S1}=2\text{ A}$、$I_{S2}=3\text{ A}$,电阻 $R_1=3\text{ }\Omega$、$R_2=2\text{ }\Omega$、$R_3=1\text{ }\Omega$、$R_4=4\text{ }\Omega$。

(1) 试用支路电流法求各支路电流。

(2) 验证电路各元件消耗的总功率和信号源提供的功率是否平衡。

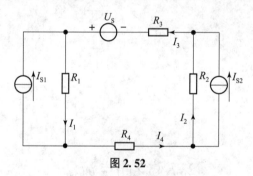

图 2.52

**解:**(1) 假定各支路电流的方向如图 2.52 所示。

(2) 列节点电流方程
$$I_3 = I_2 + I_{S2} = I_4$$
$$I_1 = I_3 + I_{S1}$$

(3) 列回路电压方程
$$I_1 R_1 + I_4 R_4 + I_2 R_2 + I_3 R_3 - U_S = 0$$

(4) 代入已知数,联立方程组

$$I_3 = I_2 + 3 = I_4$$
$$I_1 = I_3 + 2$$
$$3I_1 + 4I_4 + 2I_2 + I_3 - 20 = 0$$

解得
$$I_1 = 4 \text{ A}; \quad I_2 = -1 \text{ A}; \quad I_3 = 2 \text{ A}; \quad I_4 = 2 \text{ A}$$

### 知识精练

1. 如图 2.53 所示，已知 $E_1 = E_2 = 17$ V，$R_1 = 2$ Ω，$R_2 = 1$ Ω，$R_3 = 5$ Ω，用支路电流法求各支路中的电流。

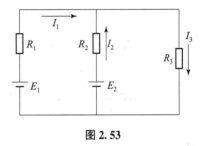

图 2.53

2. 如图 2.54 所示电路中，已知 $E_1 = 8$ V，$E_2 = 6$ V，$R_1 = R_2 = R_3 = 2$ Ω，试用支路电流法求：(1) 各支路电流；(2) 电压 $U_{AB}$；(3) $R_3$ 上消耗的功率。

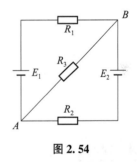

图 2.54

3. 如图 2.55 所示电路中，已知 $E_1 = E_3 = 5$ V，$E_2 = 10$ V，$R_1 = R_2 = 5$ Ω，$R_3 = 15$ Ω，求各支路电流及 $A$、$B$ 两点间的电压 $U_{AB}$。

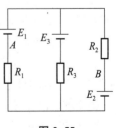

图 2.55

4. 用支路电流法求图 2.56 中各支路中的电流。

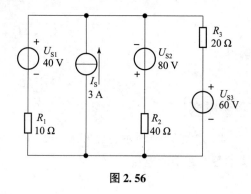

图 2.56

5. 用支路电流法求图 2.57 各支路中的电流。

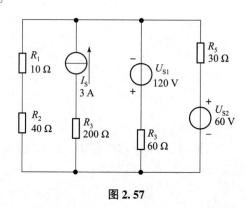

图 2.57

## 2.8 电压源与电流源及其等效变换

> 本节知识

### 一、电压源

(1) 理想电压源：输出电压不受外电路影响，只依照自己固有的规律随时间变化的电源。

(2) 理想电压源的符号如图 2.58 所示。

图 2.58 (a) 是理想电压源的一般表示符号，符号"+""−"表示理想电压源的参考极性。

图 2.58 (b) 表示理想直流电压源。

图 2.58 (c) 是干电池的图形符号，长线段表示高电位端，短线段表示低电位端。

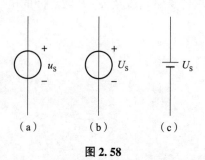

图 2.58

### 3. 理想电压源的性质

（1）理想电压源的端电压是常数 $U_S$ 或是时间的函数 $u(t)$，与输出电流无关。

（2）理想电压源的输出电流和输出功率取决于外电路。

（3）端电压的输出电流和输出功率取决于外电路。

（4）端电压不相等的理想电压源并联或端电压不为零的理想电压源短路，都是没有意义的。

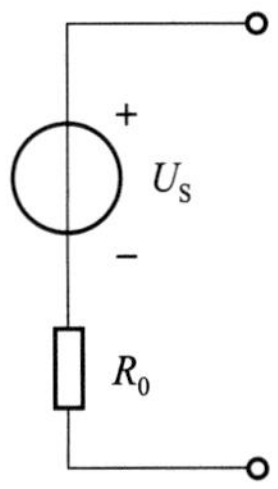

### 4. 实际电压源

可以用一个理想电压源和一个电阻串联来模拟，此模型称为实际电压源模型，如图 2.59 所示。

电阻 $R_0$ 叫作电源的内阻。

实际直流电压源端电压为

$$U = U_S - IR_0$$

图 2.59

## 二、电流源

### 1. 理想电流源

输出电流不受外电路影响，只依照自己固有的规律随时间变化的电源。

### 2. 理想电流源的符号

（1）理想电流源的输出电流是常数 $I_S$ 或是时间的函数 $i(t)$，与理想电流源的端电压无关，如图 2.60 所示。

（2）理想电流源的端电压和输出功率取决于外电路。

（3）输出电流不相等的理想电流源串联或输出电流不为零的理想电流源开路，都是没有意义的。

### 3. 实际电流源模型

可以用一个理想电流源和一个电阻并联来模拟，此模型称为实际电流源模型，如图 2.61 所示。

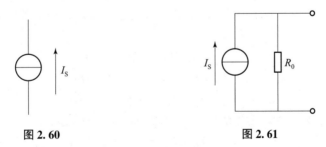

图 2.60    图 2.61

实际直流电流源输出电流为

$$I = I_S - \frac{U}{R_0}$$

## 三、电压源与电流源的等效变换

在电路分析和计算中，电压源和电流源是可以等效变换的，如图 2.62 所示。

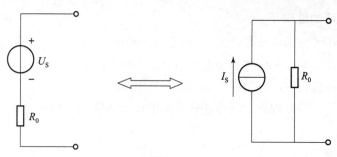

图 2.62

**注意**：这里等效变换是对外电路而言的，即把它们与相同的负载连接，负载两端的电压、负载中的电流、负载消耗的功率都相同。

两种电源等效变换关系由下式决定：

$$I_S = \frac{E}{R_0} \qquad (2-8)$$

$$U_S = R_0 I_S \qquad (2-9)$$

应用式（2-8）可将电压源等效变换成电流源，内阻 $R_0$ 阻值不变，要注意将其改为并联；应用式（2-9）可将电流源等效变换成电压源，内阻 $R_0$ 阻值不变，要注意将其改为串联。

**注意**：

（1）电压源与电流源的等效变换指的是实际电压源与实际电流源之间的等效变换。理想电压源与理想电流源之间是不能进行等效变换的。

（2）等效变换时，$U_S$ 与 $I_S$ 的方向是一致的，即电压源的正极与电流源输出电流的一端相对应。

### 例题讲解

【**例 2-7**】 在图 2.63 中，已知 $R_1 = R_2 = 2\ \Omega$，$R_3 = 5\ \Omega$，$R_4 = 14\ \Omega$，$U_{S1} = 4\ V$，$U_{S2} = 2\ V$，$I_S = 2\ A$，试利用电源等效变换求流过 $R_4$ 的电流。

**解**：（1）将图 2.63（a）中的 $U_{S1}$ 等效变换成电流源 $I_{S1}$，$I_S$ 等效成 $U_{S3}$，如图 2.63（b）所示。

$$I_{S1} = U_{S1}/R_2 = 4/2 = 2\ （A）$$

$$R_{12} = R_1 /\!/ R_2 = 2/2 = 1\ （\Omega）$$

$$U_{S3} = I_S \times R_3 = 2 \times 5 = 10\ （V）$$

（2）将 $I_{S1}$ 等效变换成电压源 $U_{S1}'$，如图 2.63（c）所示。

$$U_{S1}' = I_{S1} \times R_{12} = 2 \times 1 = 2\ （V）$$

（3）将三个电压源合并成一个电压源，如图 2.63（d）所示。

$$U_S = U_{S3} - U_{S1}' + U_{S2} = 10 - 2 + 2 = 10\ （V）$$

$$R_{123} = R_{12} + R_3 = 1 + 5 = 6\ （\Omega）$$

（4）对图 2.63（d）进行计算，流过 $R_4$ 的电流为 $I$

$$I = U_S/(R_{123} + R_4) = 10/(6 + 14) = 0.5\ （A）$$

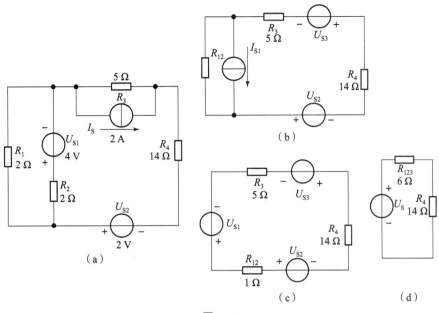

图 2.63

## 知识精练

### 一、填空题

1. 为电路提供一定_____的电源称为电压源,如果电压源内阻为_____,电源将提供_____,则称之为恒压源。

2. 为电路提供一定_____的电源称为电流源,如果电流源内阻为_____,电源将提供_____,则称之为恒流源。

3. 电压源等效变换为电流源时,$I_S =$ _____,内阻 $R_0$ 数值_____,电路由串联改为_____。

4. 如图 2.64 所示,可以等效为一个电压源的电动势为_____和内阻为_____。

5. 如图 2.65 所示,$E_1 = 4$ V,$R_1 = 4$ Ω,$E_2 = 15$ V,$R_2 = 6$ Ω 等效变换成电流源之后,电流源的大小为_____A。

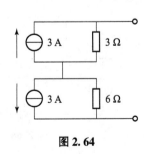

图 2.64

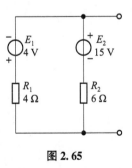

图 2.65

6. 已知一电压源的电动势为 12 V,内阻为 2 Ω,等效为电流源时,其电流源电流为_____和内阻为_____。

## 二、计算题

1. 将如图 2.66 所示的电压源等效换成电流源。

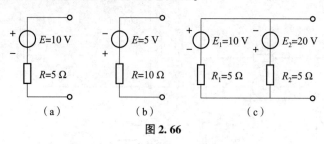

图 2.66

2. 将如图 2.67 所示的电流源等效换成电压源。

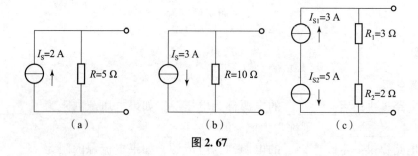

图 2.67

3. 用电源等效变换的方法求如图 2.68 所示电路中的 $U$ 和 $I$。

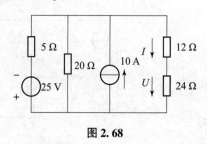

图 2.68

4. 如图 2.69 所示，用电源模型的等效变换求流过 $R_L$ 的电流 $I$。(要有变换过程)

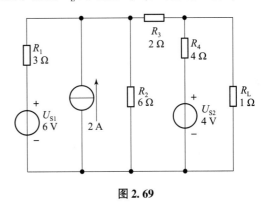

图 2.69

5. 如图 2.70 所示，用电源模型的等效变换求流过 $R_L$ 的电流 $I$。

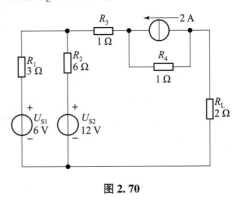

图 2.70

6. 如图 2.71 所示，用电源模型的等效变换求流过 $R_L$ 的电流 $I$。

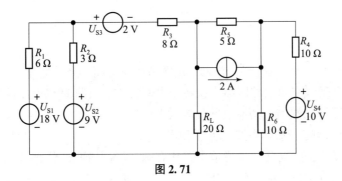

图 2.71

## 2.9 戴维南定理

**本节知识**

**1. 二端网络**

定义：任何具有两个引出端的电路（也叫网路或网络）都叫作二端网络。

分类：根据网络中是否含有电源进行分类，有电源的叫作有源二端网络，否则叫作无源二端网络。

根据之前学习的一些电路等效变换的知识可以知道：一个无源二端网络可以用一个等效电阻 $R$ 来代替；一个有源二端网络可以用一个等效电压源 $U_{S0}$ 和 $R_0$ 来代替。

任何一个有源复杂电路，把所研究支路以外部分看成一个有源二端网络，将其用一个等效电压源 $U_{S0}$ 和 $R_0$ 来代替就能化简电路，避免了烦琐的计算。

**2. 戴维南定理**

（1）含义：线性有源二端网络对外电路来说，可以用一个等效电压源代替。等效电压源的电动势 $E_0$ 等于该有源二端网络两端点间的开路电压 $U_{oc}$，而等效电源的内阻 $R_0$ 等于二端网络中各电动势置零后所得无源二端网络两端点间的等效电阻 $R_{eq}$。以上表述可以用图 2.72 来表示。

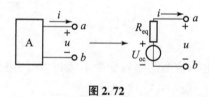

图 2.72

计算：

①等效电压源的电动势 $U_{oc}$ 等于有源二端网络两端点间的开路电压 $U_{ab}$；

②等效电阻等于该有源二端网络中，各个电源置零后（即理想电压源短路、理想电流源开路）所得的无源二端网络两端点间的等效电阻。

（2）应用戴维南定理求解电路的方法和步骤：

①断开待求支路，将电路分为待求支路和有源二端网络两部分。

②求出有源二端网络两端点间的开路电压 $U_{ab}$，即为等效电源的电动势 $E_0$。

③将有源二端网络中各电源置零后，计算无源二端网络的等效电阻。

④将等效电源与待求支路连接形成等效简化回路，根据已知条件求解。

**例题讲解**

【例 2-8】 在图 2.73 中，已知 $R_1 = R_L = 10\ \Omega$，$U_{S1} = 20\ V$，$I_S = 2\ A$，试用戴维南定理求流过 $R_L$ 的电流 $I$。

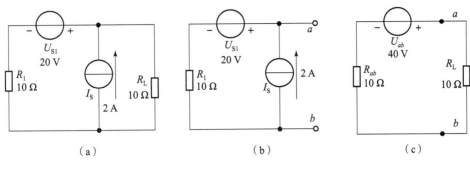

图 2.73

**解**：(1) 断开待求支路 $R_L$，分出有源二端网络如图 2.73（b）所示。

$$U_{ab} = U_{S1} + I_S \times R_1 = 20 + 2 \times 10 = 40 \text{（V）}$$

(2) 把电源置零后求二端网络的等效电阻 $R_{ab} = R_1 = 10 \text{ Ω}$。

(3) 把所求的 $U_{ab}$、$R_{ab}$ 与待求支路 $R_L$ 连接起来如图 2.73（c）所示。

$$I = U_{ab}/(R_{ab} + R_L) = 40/(10 + 10) = 2 \text{（A）}$$

则流过 $R_L$ 的电流为 2 A。

## 知识精练

### 一、填空题

1. 任何具有_____的电路都可称为二端网络。若在这部分电路中含有_____，就可以称为有源二端网络。

2. 戴维南定理指出：任何有源二端网络都可以用一个等效电压源来代替，电源的电动势等于二端网络的_____，其内阻等于有源二端网络内_____
_____。

3. 负载获得最大功率的条件是_____，这时负载获得的最大功率为_____。

4. 在无线电技术中，把_____和_____相等时称为负载与电源匹配。

5. 如图 2.74 所示，电源输出最大功率时，电阻 $R_2 = $ _____ Ω。

6. 如图 2.75 所示，$a$、$b$ 两点间的开路电压为_____。

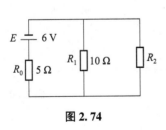

图 2.74

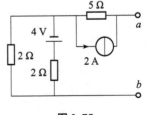

图 2.75

7. 如图 2.76 所示电路，已知 $R_1 = 2 \text{ Ω}$，$R_2 = 1 \text{ Ω}$，负载 $R_L$ 获得的最大功率为_____。

8. 如图 2.77 所示电路中电源 $U_{AB} = $ _____。

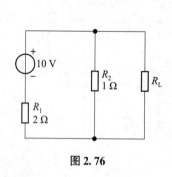
图 2.76

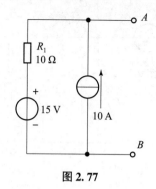
图 2.77

二、选择题

1. 一有源二端网络，测得其开路电压为 100 V，短路电流为 10 A，当外接 10 Ω 负载时，负载电流为（　　）A。

A. 5　　　　　　　　B. 10　　　　　　　　C. 20

2. 直流电源在端部短路时，消耗在内阻上的功率是 400 W，电流能供给外电路的最大功率是（　　）W。

A. 100　　　　　　　B. 200　　　　　　　C. 400

3. 若某电源开路电压为 120 V，短路电流为 2 A，则负载从该电源获得的最大功率是（　　）W。

A. 240　　　　　　　B. 60　　　　　　　　C. 600

4. 如图 2.78 所示的有源二端网络的等效电阻 $R_{AB}$ 为（　　）kΩ。

A. 1/2　　　　　　　B. 1/3　　　　　　　C. 3

5. 如图 2.79 所示的电路，当 A、B 间接入电阻 R 为（　　）Ω 时，其将获得最大功率。

A. 4　　　　　　　　B. 7　　　　　　　　C. 8

6. 如图 2.80 所示，有源二端网络通过戴维南定理变换得到的等效电源的电动势和内阻分别为（　　）。

A. 16 V、6 Ω　　　　　　　　　　B. 16 V、10 Ω
C. 4 V、6 Ω　　　　　　　　　　D. 4 V、10 Ω

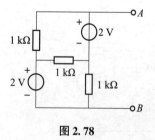
图 2.78

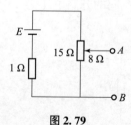
图 2.79

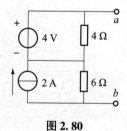
图 2.80

7. 戴维南定理将含源二端网络化简为（　　）。

A. 一个电源 $E_0$　　　　　　　　B. 一个电源 $E_0$ 和电阻 $R_0$ 串联
C. 一个电阻 $R_0$　　　　　　　　D. 一个电源 $E_0$ 和电阻 $R_0$ 并联

8. 某有源二端网络的开路电压为 8 V，短路电流为 2 A，当外接负载为 4 Ω 电阻时，其端电压为（　　）V。

A. 2　　　　　　　B. 3　　　　　　　C. 4　　　　　　　D. 6

### 三、计算题

1. 求如图 2.81 所示电路中有源二端网络的等效电压源。

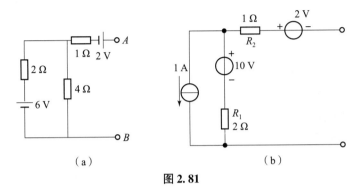

图 2.81

2. 如图 2.82 所示电路中，已知 $E_1 = 12$ V，$E_2 = 15$ V，电源内阻不计，$R_1 = 6$ Ω，$R_2 = 3$ Ω，$R_3 = 2$ Ω，试用戴维南定理求流过 $R_3$ 的电流 $I_3$ 及 $R_3$ 两端的电压 $U_3$。

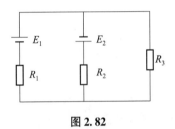

图 2.82

3. 如图 2.83 所示，已知电源电动势 $E_1 = 10$ V，$E_2 = 4$ V，电源内阻不计，电阻 $R_1 = R_2 = R_6 = 2$ Ω，$R_3 = 1$ Ω，$R_4 = 10$ Ω，$R_5 = 8$ Ω，试用戴维南定理求通过电阻 $R_3$ 的电流。

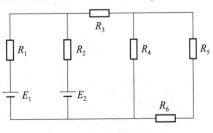

图 2.83

4. 如图 2.84 所示，试用戴维南定理求 $R_L$ 获得的最大功率为多少。

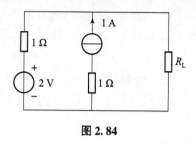

图 2.84

5. 实验验证戴维南定理：(2016 年高考题)
(1) 写出实验器材。
(2) 画出实验电路图。
(3) 写出实验步骤。

6. 如图 2.85 所示电路，已知 $E_1 = 50$ V，$E_2 = 10$ V，$E_3 = 5$ V，$R_1 = 10\ \Omega$，$R_2 = 20\ \Omega$，$R_3 = 10\ \Omega$，求：(1) $AB$ 两点间的开路电压；(2) 当 $R$ 为多大时，$R$ 可获得最大功率并求此功率？

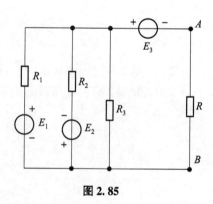

图 2.85

7. 如图 2.86 所示电路中，已知 $R_1 = 3\ \Omega$，$R_2 = 6\ \Omega$，$R_3 = 1\ \Omega$，$R_4 = 1\ \Omega$，$R_5 = 2\ \Omega$，$I_S = 1$ A。试用戴维南定理求流过 $R_5$ 的电流为多少。

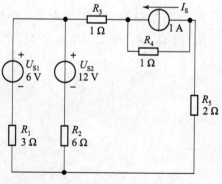

图 2.86

## 2.10 叠加定理

**本节知识**

**1. 定义**

叠加定理表述为：在线性电路中，任一支路的电流（或电压）都可以看成是电路中每一个独立电源单独作用于电路时，在该支路产生的电流（或电压）的代数和。

**2. 解题步骤**

（1）分解电路：将复杂电路分解成简单电路，一般有几个电动势就分解成几个电路并标好电流的方向。

（2）对简单电路进行分析计算，求出单一电动势作用下的电流。

（3）利用叠加定理进行叠加。叠加时特别注意电流的实际方向和参考方向。

**3. 叠加定理注意事项**

（1）叠加定理仅适用于线性电路，不适用于非线性电路；仅适用于电压、电流的计算，不适用于功率的计算。

（2）当某一独立电流源单独作用时，其他独立源的参数都应置为零，即电压源代之以短路，电流元代之以开路。

（3）应用叠加定理求电压、电流时，应特别注意各分量的符号。若分量的参考方向和原电路中的参考方向一致，则该分量取正号；反之则取负号。

（4）叠加的方式是任意的，可以一次使一个独立源单独作用，也可以一次使几个独立源同时作用，方式的选择取决于对分析计算问题的简便与否。

**例题讲解**

【例 2-9】 如图 2.87 所示电路，已知 $U_S = 24$ V，$I_S = 6$ A，$R_1 = 4$ Ω，$R_2 = 2$ Ω，$R_3 = 6$ Ω，试用叠加定理求流过三个电阻的电流。

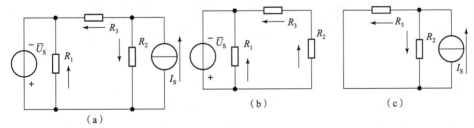

图 2.87

**解：**（1）将图 2.87（a）的电路分解成单一电源作用的简单电路如图 2.87（b）和图 2.87（c）所示。

（2）对简单电路进行分析计算求出单一电源作用时的各个电流。

对图 2.87（b）有

$$I'_1 = U_S/R_1 = 24/4 = 6 \text{（A）}$$

$$I'_2 = I'_3 = U_S/(R_2 + R_3) = 24/(2+6) = 3 \text{ (A)}$$

对图 2.87（b）应用分流公式可以求得：

$$I''_1 = 0 \text{ A}$$
$$I''_2 = I_S * R_3/(R_2 + R_3) = 6*6/(2+6) = 4.5(\text{A})$$
$$I''_3 = I_S - I''_3 = 6 - 4.5 = 1.5(\text{A})$$

（3）应用叠加定理求出两个电源共同作用时的各个电流为

$$I_1 = I'_1 - I''_1 = 6 - 0 = 6 \text{ (A)}$$
$$I_2 = -I'_2 + I''_2 = -3 + 4.5 = 1.5 \text{ (A)}$$
$$I_3 = I'_3 + I''_3 = 3 + 1.5 = 4.5 \text{ (A)}$$

### 知识精练

**一、填空题**

1. 在单电源电路中，电流总是从电源的_____极出发，经由外电路流向电源的_____极。

2. 叠加定理只适用于_____电路，而且叠加定理只能用来计算_____和_____，不能直接用于计算_____。

3. 如图 2.88 所示电路中，已知 $E_1$ 单独作用时，通过 $R_1$、$R_2$、$R_3$ 的电流分别是 $-4$ A、2 A、$-2$ A；$E_2$ 单独作用时，通过 $R_1$、$R_2$、$R_3$ 的电流分别是 3 A、2 A、5 A，则各支路电流 $I_1 = $ _____ A，$I_2 = $ _____ A，$I_3 = $ _____ A。

4. 根据叠加定理，当某一电压源作用而其他电压源不作用时，应将其他电压源做_____处理，电压源的内阻做_____处理，电流源做_____处理，电流源的内阻做_____处理。

5. 电路如图 2.89 所示，已知 $R_1 = 6 \Omega$，$R_2 = 3 \Omega$，求电阻 $R_1$ 消耗的功率 $P$ 为_____。

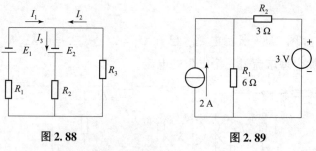

图 2.88　　　　　图 2.89

**二、计算题**

1. 如图 2.90 所示，已知 $E_1 = E_2 = 17$ V，$R_1 = 2 \Omega$，$R_2 = 1 \Omega$，$R_3 = 5 \Omega$，试用叠加定理求各支路电流 $I_1$、$I_2$、$I_3$。

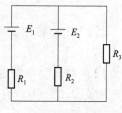

图 2.90

2. 如图 2.91 所示，已知电源电动势 $E_1 = 48$ V，$E_2 = 32$ V，电源内阻不计，电阻 $R_1 = 4$ Ω，$R_2 = 6$ Ω，$R_3 = 16$ Ω，试用叠加定理求通过 $R_1$、$R_2$、$R_3$ 的电流。

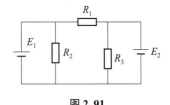

图 2.91

3. 如图 2.92 所示，电源电动势 $E_1 = 8$ V，$E_2 = 12$ V，电源内阻不计，电阻 $R_1 = 4$ Ω，$R_2 = 1$ Ω，$R_3 = 3$ Ω，试用叠加定理求通过各电阻的电流。

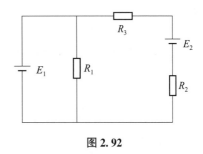

图 2.92

4. 如图 2.93 所示，通过 2 Ω 电阻的电流 $I$ 为多少?

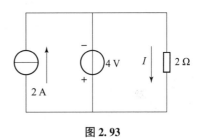

图 2.93

5. 如图 2.94 所示电路，$U_{S1} = 10$ V，$U_{S2} = 15$ V，当开关 S 置于位置 1 时，毫安表的读数 $I_1 = 40$ mA。当开关 S 置于位置 2 时，毫安表的读数 $I_2 = -60$ mA。如果把开关 S 置于位置 3，毫安表的读数为多少?

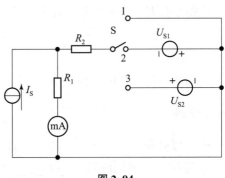

图 2.94

6. 如图 2.95 所示电路，$U_S = 30$ V，$I_S = 3$ A，$R_1 = R_2 = 5$ Ω，$R_3 = R_4 = 10$ Ω。
（1）用叠加定理求流过 $R_4$ 的电流 $I$。
（2）求电阻 $R_4$ 上消耗的功率。

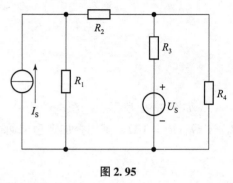

图 2.95

7. 如图 2.96 所示，试用叠加定理求流过 $R_L$ 中的电流。

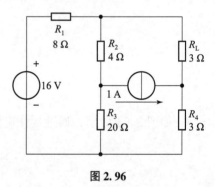

图 2.96

## 2.11 电桥电路

**本节知识**

**1. 电桥的平衡条件**

电桥平衡时，邻臂电阻的比值相等或对臂电阻的乘积相等。

$$R_1 R_4 = R_2 R_3$$

**2. 应用**

惠斯通电桥法可以比较准确的测量电阻。

**知识精练**

一、填空题

1. 电桥的平衡条件是_____，电桥电路平衡时的重要特征是_____。

2. 用惠斯通电桥测电阻 $R_x$，已知 $R_1$ 与 $R_3$ 为对臂，且 $R_1 = 5\ \Omega$，$R_2 = 3\ \Omega$，$R_3 = 10\ \Omega$，当电桥平衡时可测得 $R_x$ 为 _____。

3. 如图 2.97 所示，$AC$ 是 1 m 长粗细均匀的电阻丝，D 是滑动触头，可沿 $AC$ 移动。当 $R = 5\ \Omega$，$L_1 = 0.3$ m 时，电桥平衡，则 $R_x$ = _____。若 $R = 6\ \Omega$，$R_x = 14\ \Omega$ 时，要使电桥平衡，则 $L_1$ = _____ m，$L_2$ = _____ m。

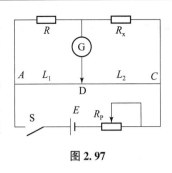

图 2.97

二、计算题

1. 如图 2.98 所示的电桥处于平衡状态，其中 $R_1 = 30\ \Omega$，$R_2 = 15\ \Omega$，$R_3 = 20\ \Omega$，$r = 1\ \Omega$，$E = 19$ V，求电阻 $R_4$ 的值和流过它的电流的值。

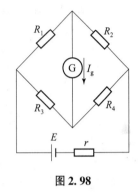

图 2.98

2. 求如图 2.99 所示电桥电路中 $R_5$ 上的电流和总电流。

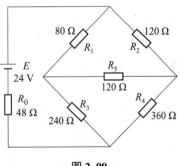

图 2.99

# 第三章 电容器

**本章考纲**

（1）元器件的识别与应用：认识电容器的图形、符号；会检测其性能；会正确选择电容器。

（2）典型电路的连接与应用：会连接典型电容串联、并联应用电路；会计算典型电容串联、并联应用电路。

## 3.1 电容器与电容的参数和种类

**本节知识**

**1. 电容器**

电容器是由两个导体电极中间夹一层绝缘体（又称电介质）所构成的。电容器最基本的特性是能够存储电荷。

用途：具有"隔直通交"的特点，在电子技术中常用于滤波、移相、旁路、信号调谐等；在电力系统中电容器可用来提高电力系统的功率因数。

**2. 电容**

不同电容器存储电荷的本领是不同的，我们用电容来表征电容器这个本领的大小。

含义：电容器任一极板所储存的电荷量与两极板间电压的比值是一个常数，不同的电容器这一比值则不同。将这一比值定义为电容器的电容量，简称电容，用来表示电容器存储电荷的本领大小，用字母 $C$ 表示，电容定义式为

$$C = \frac{Q}{U} \tag{3-1}$$

式中　$Q$——一个极板上的电荷量，单位是库［仑］，符号为 C；

　　　$U$——两极板间的电压，单位是伏［特］，符号为 V；

　　　$C$——电容，单位是法［拉］，符号为 F。

在实际应用中，法的单位太大，常用的是较小的单位微法（μF）和皮法（pF）：

$$1\ \mu F = 10^{-6}\ F \quad\quad 1\ pF = 10^{-12}\ F$$

**3. 平行板电容器**

理论与实验证明，平行板电容器的电容量与极板面积 $S$ 及电介质的介电常数 $\varepsilon$ 成正比，与两极板之间的距离成反比。

其数学表达式为

$$C = \frac{\varepsilon S}{d} \quad (3-2)$$

式中　$\varepsilon$——某种电介质的介电常数,单位是法[拉]每米,符号为 F/m;
　　　$S$——极板的有效面积,单位是平方米,符号为 $m^2$;
　　　$d$——两极板间的距离,单位是米,符号为 m;
　　　$C$——电容,单位是法[拉],符号为 F。

**注意:**

(1) 式(3-2)说明,对某一个平行板电容器而言,它的电容是一个确定值,其大小仅与电容器的极板面积大小、相对位置以及极板间的电介质有关;与两极板间电压的大小、极板所带电荷量多少无关。

(2) 并不是只有电容器才有电容,实际上任何两个导体之间都存在着电容。

**4. 电容器的参数**

电容器种类繁多,不同种类电容器的性能、用途不同;同一类电容器也有很多规格。要合理选择和使用电容器,必须对于电容器的种类和参数有充分的认识。

1) 额定工作电压

一般叫作耐压,它是指使电容器能长时间稳定地工作,并且保证电介质性能良好的支流电压的数值。

必须保证电容器的额定工作电压不低于工作电压的最大值。(交流电路考虑交流电压的峰值。)

2) 标称容量和允许误差

电容器上所标明的电容量的值叫作标称容量。

批量生产中,实际电容值与标称电容值之间总是有一定误差。国家对不同的电容器规定了不同的误差范围,在此范围之内误差叫作允许误差。

**5. 电容器的种类**(结合手头所有的电容器讲解)

按照电容量是否可变,可分为固定电容器和可变电容器(包括半可变电容器)。

(1) 固定电容器常用的介质有云母、陶瓷、金属氧化膜、铝电解质等。

**注意:** 电解电容有正负极之分,切记不可将极性接反或使用于交流电路中,否则会将电解电容器击穿。

(2) 可变电容器是电容量在一定范围内可调节的电容器,其常用电介质有薄膜介质、云母等。

半可变电容器又叫微调电容器,在电路中常被用作补偿电容器,其容量一般只有几皮法到几十皮法。常用的电介质有瓷介质、有机薄膜等。

**知识精练**

**一、填空题**

1. _____的导体组成一个电容器。这两个导体称为电容器的两个_____,中间的绝缘材料称为电容器的_____。

2. _____的过程称为充电；_____的过程称为放电。

3. 电容的单位是_____，比它小的单位是_____和_____，它们之间的换算关系为_____。

4. 电容是电容器的固有属性，它只与电容器的_____、_____以及_____有关，而与_____、_____等外部条件无关。

5. 电容器额定工作电压是指电容器在电路中_____的直流电压，又称耐压。在交流电路中，应保证所加交流电压的_____值不能超过电容器的额定工作电压。

二、判断题

1. 只有成品电容元件中才具有电容。（    ）
2. 平行板电容器的电容与外加电压的大小成正比。（    ）
3. 平行板电容器相对极板面积增大，其电容也增大。（    ）
4. 有两个电容器且 $C_1>C_2$，如果它们两端的电压相等，则 $C_1$ 所带电量较多。（    ）
5. 有两个电容器且 $C_1>C_2$，若它们所带的电量相等，则 $C_1$ 两端电压较高。（    ）

三、选择题

1. 电容器的电容为 $C$，如果它不带电时，电容是（    ）。
A. 0　　　　　　B. $C$　　　　　　C. 小于 $C$　　　　　　D. 大于 $C$

2. 把一个电容器极板的面积加倍、间距减半，则（    ）。
A. 电容增大到4倍　　B. 电容减半　　C. 电容加倍　　D. 电容不变

3. 电容为 $C$ 的平行板电容器与电源相连，开关闭合后极板间电压为 $U$，极板上电荷量为 $q$，在不断开电源的条件下，把两极板的距离拉大一倍，则（    ）。
A. $U$ 不变，$q$ 和 $C$ 都减半
B. $U$ 不变，$C$ 减半，$q$ 增大一倍
C. $q$ 不变，$C$ 减半，$U$ 增大一倍
D. $U$ 和 $q$ 不变，$C$ 减半

4. 关于电容器，说法正确的是（    ）。
A. 储能元件
B. 耗能元件
C. 既是储能元件也是耗能元件
D. 都不对

5. 一个电容器，当它接到 220 V 直流电源上时，每个极板所带电荷量为 $q$，若把它接到 110 V 的直流电源上，每个极板所带电荷量为（    ）。
A. $q$　　　　　　B. $2q$　　　　　　C. $q/2$　　　　　　D. $q/4$

四、问答题

1. 有人说："电容器带电多电容就大，带电少电容就小，不带电则没有电容。"这种说法对吗？为什么？

2. 有一真空电容器，其电容是 4.1 μF，将两极板间距离增大一倍后，其间充满云母介质，求云母电容器的电容。

3. 平行板电容器的极板面积为 100 cm²，两极板间的介质为空气，两板间的距离为 5 mm，今将电压为 120 V 的直流电源接在电容器的两端，求（1）该平行板电容器的电容及所带的电量；（2）若将上述电容器的两极板浸入相对介电常数 $\varepsilon_r$ = 2.2 的油中，则此时电容器的电容又是多大？

4. 在下列情况下，空气平行板电容器的电容、两极板间电压、电容器的带电荷量各有什么变化？
（1）充电后保持与电源相连，将极板面积增大一倍。
（2）充电后保持与电源相连，将两极板间距增大一倍。
（3）充电后与电源断开，再将两极板间距增大一倍。
（4）充电后与电源断开，再将极板面积缩小一半。
（5）充电后与电源断开，再将两极板间插入相对介电常数 $\varepsilon_r$ = 4 的电介质。

## 3.2　电容器的连接及电容器中的电场能

本节知识

**1. 电容的串联**

电容的串联：与电阻串联类似，将两个或两个以上的电容器连接成一个无分支电路的连接方式，如图 3.1 所示。

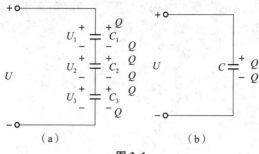

图 3.1

适用情形：当单独一个电容器的耐压不能满足电路要求，而它的容量又足够大时，可将几个电容器串联起来再接到电路中使用。

电容串联电路等效电容的计算：

$$\frac{1}{C} = \frac{1}{C_1} + \frac{1}{C_2} + \frac{1}{C_3} \tag{3-3}$$

**分析**：电容器串联时，等效电容 $C$ 的倒数是各个电容器电容的倒数之和。总电容比每个电容器的电容都小，这相当于加大了电容器两极板间的距离 $d$，因而电容减小。

**注意**：

（1）串联电容组中每一个电容器都带有相等的电荷量。

（2）电容器串联时电容间的关系与电阻并联时电阻关系相似。

推广后的计算公式：

如果有 $n$ 个电容器串联，可推广为

$$\frac{1}{C} = \frac{1}{C_1} + \frac{1}{C_2} + \cdots + \frac{1}{C_n} \tag{3-4}$$

当 $n$ 个电容器的电容相等均为 $C_0$ 时，总电容 $C$ 为

$$C = \frac{C_0}{n} \tag{3-5}$$

**2. 电容的并联**

电容的并联：把几只电容器接到两个节点之间的连接方式，如图 3.2 所示。

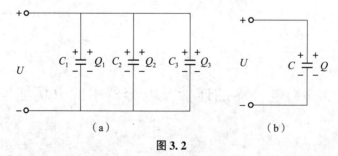

图 3.2

适用情形：当单独一个电容器的电容量不能满足电路的要求，而其耐压均满足电路要求时，可将几个电容器并联起来再接到电路中使用。

电容并联时等效电容的计算：

$$C = C_1 + C_2 + C_3 \tag{3-6}$$

分析：当电容器并联时，总电容等于各个电容之和。并联后的总电容扩大了，这种情况相当于增大了电容器极板的有效面积，使电容量增大。

**注意：**

（1）电容器并联时，加在各个电容器上的电压是相等的。每只电容器的耐压均应大于外加电压，否则，一旦某一只电容器被击穿，整个并联电路就被短路，会对电路造成危害。

（2）电容器并联时电容间的关系与电阻串联时电阻关系相似。

推广后的计算公式：

如果有 $n$ 个电容器并联，可推广为

$$C = C_1 + C_2 + \cdots + C_n \tag{3-7}$$

当并联的 $n$ 个电容器的电容相等均为 $C_0$ 时，总电容 $C$ 为

$$C = nC_0 \tag{3-8}$$

**3. 电容器的充电和放电**

电容器的充放电是一个过渡过程，为了达到直观的目的必须结合演示实验或者让同学们自己动手完成观察电容的充放电过程。教师在实验的过程中，详细解释电容的充放电过程。对于电容大小不同的电容器充放电时间长短不同形成一个感性认识。

电容在充电过程中，电容器储存了电荷，也储存了能量；在放电过程中，电容器将正、负电荷中和，也随之放出了能量。

电容充放电过程中电路中的电流：

$$i = \frac{\Delta q}{\Delta t} = C \cdot \frac{\Delta u_C}{\Delta t} \tag{3-9}$$

**注意：**

（1）若电容两端加直流电，则 $i_C = C \dfrac{\Delta u_C}{\Delta t} = 0$，电容器相当于开路，所以电容器具有隔直流的作用。

（2）若将交变电压加在电容两端，则电路中有交变的充放电流通过，即电容具有通交流作用。

**4. 电容器中的电场能**

从能量转化角度看，电容器的充放电过程实质上是电容器与外部能量的交换过程。在此过程中，电容器本身不消耗能量，所以说电容器是一种储能元件。

电容器中的电场能：

$$W_C = \frac{1}{2}CU^2 \tag{3-10}$$

式中　$C$——电容器的电容，单位是法［拉］，符号为 F；

　　　$U$——电容器两极板间的电压，单位是伏［特］，符号为 V；

　　　$W_C$——电容器中的电场能，单位是焦［耳］，符号为 J。

显然，在电压一定的条件下，电容越大储存的能量越多，电容也是电容器储能本领大小的标志。

### 知识小结

**1. 电容器的串并联（表 3.1）**

表 3.1

| 物理量 | 串联 | 并联 |
| --- | --- | --- |
| 电荷量 | $Q = Q_1 = Q_2 = \cdots = Q_n$ | $Q = Q_1 + Q_2 + \cdots + Q_n$ |
| 电压 | $U = U_1 + U_2 + \cdots + U_n$<br>电压分配与电容成反比<br>$\dfrac{U_1}{U_2} = \dfrac{C_2}{C_1}$ | $U = U_1 = U_2 = \cdots = U_n$ |
| 电容 | $\dfrac{1}{C} = \dfrac{1}{C_1} + \dfrac{1}{C_2} + \cdots + \dfrac{1}{C_n}$<br>当 $n$ 个电容为 $C_0$ 的电容器串联时<br>$C = \dfrac{C_0}{n}$ | $C = C_1 + C_2 + \cdots + C_n$<br>当 $n$ 个电容为 $C_0$ 的电容器并联时<br>$C = nC_0$ |

**2. 电容器中的电场能**

$$W_C = \frac{1}{2}CU^2$$

### 知识精练

**一、填空题**

1. 如图 3.3 所示电路，电源电动势为 $E$，内阻不计，$C$ 是一个电容量很大的未充电的电容器。当 S 合向 1 时，电源向电容器_____，这时，看到白炽灯 HL 开始_____，然后逐渐_____，从电流表 A 上可观察到充电电流在_____，而从电压表可以观察到电容器两端电压_____。经过一段时间后，HL_____，电流表计数为_____，电压表计数为_____。

2. 如图 3.4 所示，$C_1 = C_2 = C_3 = 4\ \mu\text{F}$，$C_4 = C_5 = 2\ \mu\text{F}$，则 $C_{ab}$ 为_____。

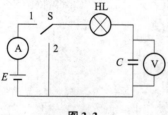

图 3.3

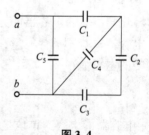

图 3.4

3. 电容器串联后，电容大的电容器分配的电压_____，电容小的电容器分配的电压_____。当两只电容器 $C_1$、$C_2$ 串联在电压为 $U$ 的电路中时，它们所分配的电压 $U_1 = $ _____，$U_2 = $ _____。

4. 电容器并联后相当于增大了_____，所以总电容_____每个电容器的电容。

5. 将 50 μF 的电容器充电到 100 V，这时电容器储存的电场能是_____；若将该电容器继续充电到 200 V，电容器内又增加了_____电场能。

6. 电容器是_____元件，它所储存的电场能量与_____和_____成正比，电容器两端的_____不能突变。

7. 电容器串联之后，相当于增大了_____，所以总电容_____每个电容器的电容。

8. 有三个耐压相同的电容器，$C_1 = 2\ \mu F$，$C_2 = 3\ \mu F$，$C = 6\ \mu F$，它们串联起来后的总电容 $C =$ _____。

## 二、填空题

1. 两个串联电容，已知极板间电压之比 $U_1 : U_2 = 5 : 1$，$C_1 = 2\ F$，则 $C_2$ 为（　　）F。
   A. 2.5  B. 10  C. 2  D. 5

2. 两个并联电容，$C_1 = 2C_2$，则两电容所带电荷量 $Q_1$ 与 $Q_2$ 的关系为（　　）。
   A. $Q_1 = Q_2$  B. $Q_1 = 2Q_2$
   C. $2Q_1 = Q_2$  D. 以上都不对

3. 一个电容为 $C$ 的电容器与一个电容为 8 μF 的电容器并联，总电容为 $3C$，则电容 $C$ 为（　　）μF。
   A. 2  B. 8  C. 6  D. 4

4. 两个电容 $C_1$ 和 $C_2$ 的额定值分别为 200 pF/500 V、300 pF/900 V，串联后外加 1 000 V 电压，则（　　）。
   A. $C_1$ 击穿，$C_2$ 不击穿  B. $C_1$ 先击穿，$C_2$ 后击穿
   C. $C_2$ 先击穿，$C_1$ 后击穿  D. $C_1$、$C_2$ 都不击穿

5. 一只 5 μF 的电容已被充电至 300 V，现将它放电至 100 V，则它所储存的电场能减少了（　　）J。
   A. 0.025  B. 0.225  C. 0.25  D. 0.2

6. 如图 3.5 所示，$E = 10\ V$，$r = 1\ \Omega$，$R_1 = R_2 = 2\ \Omega$，$C = 100\ \mu F$，求电容器储存的电场能为（　　）J。
   A. $4 \times 10^{-4}$
   B. $8 \times 10^{-4}$
   C. $3 \times 10^{-3}$
   D. $6 \times 10^{-5}$

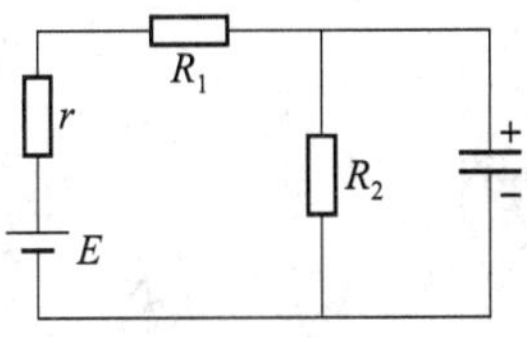

图 3.5

7. 两个完全相同的空气电容 $C_1$ 和 $C_2$ 串联后接到直流电源上，待电路稳定后在 $C_2$ 中插入云母，则（　　）。
   A. $U_1 = U_2$，$Q_1 = Q_2$  B. $U_1 > U_2$，$Q_1 = Q_2$
   C. $U_1 < U_2$，$Q_1 > Q_2$  D. $U_1 = U_2$，$Q_1 < Q_2$

8. 电容充电时，电容 $C = 1\ \mu F$，在 0.01 s 内电容电压从 2 V 上升到 12 V，则在这段时间内电容的充电电流为（　　）。
   A. 1 A  B. 0.1 A  C. 0.01 A  D. 0.001 A

9. 已知电容 $C_1$、$C_2$ 串联在电路 $A$、$B$ 两点之间，$U_{AB}=120$ V，电容 $C_1=0.4$ μF，耐压值为 60 V，$C_2=0.8$ μF，耐压值为 100 V，则（　　）。

A. $C_1$ 可正常工作，$C_2$ 不能正常工作　　B. $C_2$ 可正常工作，$C_1$ 不能正常工作

C. 两个电容都可以正常工作　　　　　　D. 两个电容都不能正常工作

10. 一只 1 000 μF 的电容器被充电到 100 V，若继续充电使电容器的电场能增加 15 J，则应将此电容继续充电到（　　）V。

A. 150　　　　B. 200　　　　C. 300　　　　D. 无法确定

三、计算题

1. 如图 3.6 所示电路，$C_1=C_2=4$ μF，$C_3=3$ μF，$C_4=6$ μF，求 $A$、$B$ 两端的等效电容。

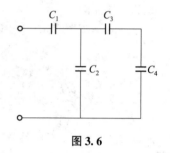

图 3.6

2. 两只电容器 $C_1$ 和 $C_2$，其中 $C_1=4$ μF，$C_2=8$ μF，将它们串联到 $U=120$ V 的电压两端，每只电容器两端所承受的电压是多少？若将它们并联接到 $U=120$ V 的电压两端，每只电容器所储存的电量是多少？

3. 如图 3.7 所示，$C_1=4$ μF，$C_2=2$ μF，$C_3=4$ μF，$U_1=U_2=50$ V，$U_3=100$ V，求 $ab$ 间的等效电容和耐压。

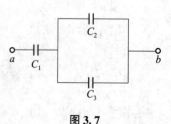

图 3.7

4. 如图 3.8 所示，已知 $C_1 = 30\ \mu F$，$C_2 = 20\ \mu F$，先分别充电到 $U_1 = 30\ V$，$U_2 = 20\ V$，然后按图连接，线路中迁移的电荷量为多少？

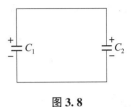

图 3.8

5. 一个电容为 $10\ \mu F$ 的电容器，当它的极板上带 $3.6 \times 10^{-6}\ C$ 电量时，电容器两极板间的电压是多少？电容器储存的电场能是多少？

6. 如图 3.9 所示电路，已知电源电动势 $E = 12\ V$，内阻不计，外电路电阻 $R_1 = 30\ \Omega$，$R_2 = 10\ \Omega$，电容 $C_1 = 2\ \mu F$，$C_2 = 1\ \mu F$，求：（1）$R_1$ 两端的电压；（2）电容 $C_1$、$C_2$ 所带的电荷量；（3）电容 $C_1$、$C_2$ 两端的电压。

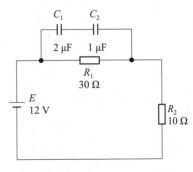

图 3.9

7. 现有两个电容器，其中一个电容器的电容 $C_1 = 2\ \mu F$，额定工作电压为 160 V，另一个电容器的电容 $C_2 = 10\ \mu F$，额定工作电压为 250 V，若将这两个电容器串联起来接在 300 V 的直流电源上，问每个电容器上的电压是多少？这样使用是否安全？它们的耐压值又是多少？

8. 在如图 3.10 所示电路中,已知 $E = 36$ V,$R_1 = 3$ kΩ,$R_2 = 6$ kΩ,$R_3 = 2$ kΩ,$C_1 = 2$ μF,$C_2 = 1$ μF,各电容器原来均没有储能,试求下列两种情况下,各电容器的端电压和储存的电场能量:(1)S 与 1 相接且电路稳定时;(2)然后将 S 扳至 2 且电路稳定时。

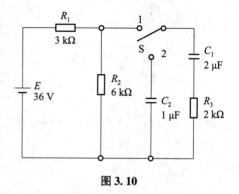

图 3.10

# 第四章　磁与电磁

**本章考纲**

元器件的识别与应用：认识电感线圈的图形、符号；会检测其性能。

典型电路的连接与应用：会计算磁感应强度、磁通量、磁场力、感应电动势，会判定其方向；会测定互感线圈的同名端。

**考纲要求**

| 考点内容 | 要求 | 热点考向 |
| --- | --- | --- |
| 1. 磁场主要物理量（磁感应强度、磁通量、磁场强度和磁导率）的物理意义、单位和它们之间的相互关系 | 理解 | 高考对本章重点考查磁感应强度、磁通量、磁场力、感应电动势的计算和方向的判断，重点考查楞次定律和法拉第电磁感应定律的应用；考查电感认识和互感线圈的同名端的判断 |
| 2. 右手螺旋定则、左手定则以及磁场对电流作用力的计算 | 熟练掌握 | |
| 3. 电磁感应现象产生的条件 | 理解 | |
| 4. 右手定则、楞次定律和法拉第电磁感应定律 | 熟练掌握 | |
| 5. 自感现象和互感现象 | 理解 | |
| 6. 互感线圈的同名端的概念及其判断方法 | 掌握 | |

## 4.1　磁感应强度和磁通

考纲要求：会计算磁感应强度、磁通量、磁场力、感应电动势，会判定其方向。
必考点：（1）磁感应强度是描述磁场性质的物理量，建立磁感强度的基本概念。
（2）磁场强度概念的建立，几种常见载流导体的磁场强度计算。
重点：磁场强度概念和磁场强度计算。
难点：磁感强度、磁通量、磁场强度的计算。

**本节知识**

**1. 磁体与磁感线**

1）磁体

某些物体具有吸引铁、镍、钴等物质的性质叫作磁性。具有磁性的物体叫作磁体。常见的磁体有条形磁铁、马蹄形磁铁和针形磁铁。

磁铁两端的磁性最强，磁性最强的地方叫作磁极，分别是南极，用 S 表示；北极，用 N 表示。

2）磁场

磁场的性质：

（1）同名磁极互相排斥，异名磁极互相吸引。

（2）磁体之间的相互作用是通过磁场发生的。

（3）电流也可以产生磁场。

明确概念：磁极之间的作用力是通过磁极周围的磁场传递的。在磁力作用的空间，有一种特殊的物质叫作磁场，如图4.1所示。

电荷之间的相互作用是通过电场发生的；磁体之间的相互作用是通过磁场发生的。电场和磁场一样都是一种物质。

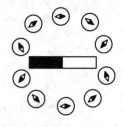

图 4.1

3）磁感线

磁感线是在磁场中画一些有方向的曲线，在这些曲线上每点的曲线方向，亦即该点的切线方向都跟该点的磁场方向相同，如图4.2所示。

磁感线的特性：

（1）磁场的强弱可用磁感线的疏密表示，磁感线密的地方磁场强，疏的地方磁场弱。

（2）在磁铁外部磁感线从N极到S极；在磁铁内部磁感线从S极到N极。

（3）从S极到N极磁感线是闭合曲线。

（4）磁感线不相交。

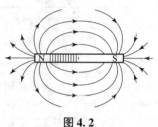

图 4.2

## 2. 电流的磁效应

通电导体的周围存在磁场，这种现象叫作电流的磁效应。磁场方向决定于电流方向，可以用右手螺旋定则来判断，如表4.1所示。

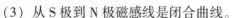

表 4.1

| 分类 | 通电长直导线的磁场方向 | 通电螺线管的磁场方向 |
|---|---|---|
| 判断定则 | 右手螺旋定则 | 右手螺旋定则 |
| 具体判断方法 | 右手握住导线并把拇指伸开，用拇指指向电流方向，那么四指环绕的方向就是磁场方向（磁感线方向），如图4.3所示 | 右手握住螺线管并把拇指伸开，弯曲的四指指向电流方向，拇指所指方向就是磁场北极（N）的方向，如图4.4所示 |
| 示例 | 图 4.3 | 图 4.4 |

## 3. 磁感应强度和磁通量（表 4.2）

表 4.2

| 项目 | 磁感应强度 | 磁通量（$\Phi$） |
|---|---|---|
| 定义 | 在磁场中垂直于此磁场方向的通电导线，所受到的磁场力 $F$ 跟电流强度 $I$ 和导线长度 $L$ 的乘积 $IL$ 的比值，叫作通电导线所在处的磁感应强度，用 $B$ 表示 | 磁感应强度 $B$ 和其垂直的某一截面积 $S$ 的乘积，叫作穿过该面积的磁通量，简称磁通，用 $\Phi$ 表示 |
| 计算公式 | $B = \dfrac{F}{IL}$（磁感应强度定义式） | $\Phi = BS$（磁通量定义式） |
| 方向 | $B$ 的方向与磁场方向相同，即与小磁针 N 极受力方向相同 | 标量 |
| 单位 | 特斯拉（T） | 韦伯（Wb）　　$1 \text{ Wb} = 1 \text{ T} \cdot \text{m}^2$ |
| 匀强磁场 | 如果磁场中各点的磁感应强度 $B$ 的大小和方向完全相同，那么这种磁场叫作匀强磁场。其磁感线平行且等距 | 在匀强磁场中，磁感应强度就是与磁场垂直的单位面积上的磁通量。所以，磁感应强度又叫作磁通密度（简称磁密），$B = \dfrac{\Phi}{S}$ |

## 4. 磁场对电流的作用（表 4.3）

表 4.3

| 磁场对电流的作用 | 磁场对载流导体的作用 | 磁场对通电矩形线圈的作用 | 磁场对运动电荷的作用 |
|---|---|---|---|
| 力的名称 | 安培力 | 力偶矩 | 洛仑兹力 |
| 大小 | $F = BIL\sin\theta$（$\theta$ 是 $I$ 与 $B$ 的夹角） | $M = NBIS\sin\alpha$<br>$\alpha$——磁感应强度与平面法线的夹角 | $f = qvB\sin\theta$，$\theta$ 是 $v$、$B$ 之间的夹角 |
| 方向 | 左手定则 | 左手定则 | 左手定则 |
| 说明 | 电流 $I_1 \parallel I_2$，如 $I_1$ 在 $I_2$ 处磁场的磁感应强度为 $B$，则 $I_1$ 对 $I_2$ 的安培力 $F = BIL$，方向向左，同理 $I_2$ 对 $I_1$ 安培力向右 | $N$——线圈的匝数；<br>$M$——线圈的力偶矩，单位是 N·m；<br>$S$——线圈所包围的面积；<br>$I$——线圈中的电流；<br>$B$——匀强磁场的磁感应强度 | 1. 当带电粒子的运动方向与磁场方向互相平行时，$F = 0$；<br>2. 当带电粒子的运动方向与磁场方向互相垂直时，$f = qvB$；<br>3. 只有运动电荷在磁场中才有可能受到洛仑兹力作用，静止电荷在磁场中受到的磁场对电荷的作用力一定为 0 |

**5. 磁场强度 $H$**

1) 磁导率

（1）含义：物质导磁性能的强弱用磁导率 $\mu$ 表示。$\mu$ 的单位是亨［利］每米，符号为 H/m。

（2）意义：在相同条件下，$\mu$ 值越大磁感应强度 $B$ 越大，磁场越强；$\mu$ 值越小磁感应强度 $B$ 越小，磁场越弱。

（3）相对磁导率：真空中的磁导率是一个常数，$\mu_0 = 4\pi \times 10^{-7}$ H/m，为了便于对各种物质的导磁性能进行比较，以真空中的磁导率 $\mu_0$ 为基准，将其他物质的磁导率 $\mu$ 和 $\mu_0$ 比较，其比值叫作相对磁导率，用 $\mu_r$ 表示，即

$$\mu_r = \frac{\mu}{\mu_0}$$

（4）分类：

根据相对磁导率 $\mu_r$ 的大小，可将物质分为三类，如表 4.4 所示。

表 4.4

| 分类 | $\mu_r$ | 作用 | 举例 |
| --- | --- | --- | --- |
| 顺磁物质 | $\mu_r$ 略大于 1 | 对磁场影响不大 | 空气、氧、锡、铝、铅等 |
| 反磁物质 | $\mu_r < 1$ | 在磁场中放置反磁物质，磁感应器强度 $B$ 减小 | 氢、铜、石墨、银、锌等 |
| 铁磁物质 | $\mu_r \gg 1$ | 在磁场中放置铁磁物质，可使磁感应器强度 $B$ 增加几千甚至几万倍 | 铁、钢、铸铁、镍、钴等 |

2) 磁场强度

（1）定义：磁场中某点的磁场强度等于该点磁感应强度与介质磁导率 $\mu$ 的比值，用字母 $H$ 表示。

（2）计算公式：$H = \dfrac{B}{\mu}$。

（3）矢量：方向与该点磁感应强度的方向相同。

（4）磁场强度 $H$ 与介质无关，而磁感应强度 $B$ 与介质有关。

**6. 常见载流导体的磁场强度（表 4.5）**

表 4.5

| 载流导体 | 载流长直导线 | 载流螺线管 |
| --- | --- | --- |
| 大小 | $H = \dfrac{I}{2\pi r}$<br>载流长直导线电流为 $I$，与导线的距离为 $r$ | $H = \dfrac{NI}{L}$<br>螺线管的匝数为 $N$，长度为 $L$，通电电流为 $I$ |
| 方向判断 | 右手螺旋定则 | 右手螺旋定则 |

## 7. 磁路的欧姆定律

（1）磁路：磁通所经过的路径叫作磁路。

（2）磁路的欧姆定律

如果磁路的平均长度为 $L$，横截面积为 $S$，通电线圈的匝数为 $N$，线圈中的电流为 $I$，螺线管内的磁场可看作匀强磁场时，磁路内部磁通为

$$\Phi = \mu HS = \mu \frac{NI}{L} S = \frac{NI}{\frac{L}{\mu S}}$$

一般将上式写成欧姆定律的形式，即磁路欧姆定律

$$\Phi = \frac{F_m}{R_m} \tag{4-1}$$

式中 $F_m$ ——磁通势，单位是安培，符号为 A；

$R_m$ ——磁阻，单位是 $\frac{1}{亨[利]}$，符号为 $H^{-1}$；

$\Phi$ ——磁通，单位是韦[伯]，符号为 Wb。

其中，$F_m = NI$，它与电路中的电动势相似；$R_m = \frac{L}{\mu S}$，它与电阻定律 $R = \rho \frac{L}{S}$ 相似。

磁路与电路的比较见表 4.6。

表 4.6

| 磁　路 | 电　路 |
| --- | --- |
| 磁通势 $F_m = NI$ | 电动势 $E$ |
| 磁通 $\Phi$ | 电流 $I$ |
| 磁阻 $R_m = \frac{L}{\mu S}$ | 电阻 $R = \rho \frac{L}{S}$ |
| 磁导率 $\mu$ | 电阻率 $\rho$ |
| 磁路欧姆定律 $\Phi = \frac{F_m}{R_m}$ | 电路欧姆定律 $I = \frac{E}{R}$ |

### 例题讲解

**【例 4-1】** （2016 年）长度为 30 cm，电流为 10 A 的通电导线放在某匀强磁场中，当导线与磁力线方向成 30°夹角时，导线所受磁场力大小为 0.3 N，则此匀强磁场的磁感应强度为_____。

答案：0.2 T。

解析：因为 $F = BIL\sin\theta$

所以 $B = F/(IL\sin\theta) = 0.3/(10 \times 0.3 \times 0.5) = 0.2$（T）

**【例 4-2】** 关于磁感应强度的方向，下列说法正确的是（　　）。

A. 磁感应强度的方向就是该处电流受力的方向

B. 磁感应强度的方向就是该处小磁针静止时北极的受力方向

C. 磁感应强度的方向与该处小磁针静止时北极的受力方向垂直

D. 磁感应强度的方向与该处电流的流向有关

答案：B

解析：磁感应强度的方向与磁场方向相同，即与小磁针 N 极受力方向相同。

【例 4-3】 在磁路中，磁阻与磁导率（ ）。

A. 成正比  B. 成反比  C. 含义相同  D. 无关

答案：B

解析：由磁阻公式 $R_m = \dfrac{L}{\mu S}$ 可知，磁阻 $R_m$ 与磁导率 $\mu$ 成反比。

【例 4-4】 关于磁场强度和磁通密度的叙述，正确的是（ ）。

A. 磁场强度与磁导率有关，磁通密度与磁导率无关

B. 磁场强度与磁导率无关，磁通密度与磁导率有关

C. 磁场强度和磁通密度与磁导率都有关

D. 磁场强度和磁通密度与磁导率都无关

答案：B

解析：磁场强度 $H$ 与介质无关，而磁感应强度 $B$ 与介质有关。

### 知识精练

一、选择题

1. 通电导体在磁场中所受到的力的大小为（ ）。

  A. $F = BIL$  B. $F = BLV$  C. $F = HIL$  D. $F = HLV$

2. 通电线圈产生的磁场强度与（ ）。

  A. 电流强度有关，匝数无关  B. 电流强度无关，匝数有关

  C. 电流强度和匝数都有关  D. 电流强度和匝数都无关

3. 右手螺旋定则用于判断（ ）。

  A. 导体在磁场中的受力情况

  B. 导体在磁场中运动产生感应电流的方向

  C. 通电导线周围产生的磁场方向

  D. 通电直导线周围产生的磁场方向和线圈产生的磁场方向

4. 当两根导线离的比较近的时候通以同向直流电流，两根导线将发生（ ）。

  A. 相互吸引  B. 相互排斥

  C. 没有反应  D. 不确定

5. 判断通电导体在磁场中所受到力的方向用（ ）。

  A. 左手定则  B. 右手定则

  C. 右手螺旋定则  D. 左手螺旋定则

6. 判断通电线圈产生的磁场方向应用定则是（ ）。

  A. 右手定则  B. 左手定则

  C. 右手螺旋定则  D. 左手螺旋定则

7. 通电线圈产生的磁场方向与（　　）有关。
   A. 电流方向　　　　　　　　　　　　B. 线圈的绕向
   C. 电流方向和线圈绕向　　　　　　　D. 电流方向、线圈绕向和匝数
8. 通电线圈插入铁芯后，下列说法正确的是（　　）。
   A. 线圈中的磁感应强度 $B$ 增强　　　B. 线圈中的磁场强度 $H$ 增强
   C. 线圈中的磁场强度 $H$ 减小　　　　D. 线圈中的磁感应强度 $B$ 减小
9. 已知以某磁场垂直的截面积 $S = 5 \text{ cm}^2$，穿过截面积的磁通量 $\Phi = 50 \text{ Wb}$，磁感应强度 $B$ 为（　　）T。
   A. 10 000　　　　B. 100 000　　　　C. 1 000 000　　　　D. 10
10. 磁性材料的相对磁导率（　　）。
    A. <1　　　　　　B. >1　　　　　　C. ≫1　　　　　　D. 1
11. 下列属于铁磁性材料的是（　　）。
    A. 铝镍钴合金　　B. 金　　　　　　C. 银　　　　　　　D. 铝
12. 当铁芯达到磁饱和后，其磁阻（　　）。
    A. 很小　　　　　　　　　　　　　　B. 很大
    C. 与非饱和时相同　　　　　　　　　D. 无法确定
13. 下列关于不同磁性材料"磁滞回线"的描述正确的是（　　）。
    A. 软磁材料的剩磁小，矫顽磁场小　　B. 硬磁材料的剩磁大，矫顽磁场小
    C. 软磁材料的剩磁小，矫顽磁场大　　D. 硬磁材料的剩磁小，矫顽磁场小
14. 硬磁材料应用于（　　）。
    A. 变压器中　　　　　　　　　　　　B. 扬声器中
    C. 磁头中　　　　　　　　　　　　　D. 异步电动机中
15. 单位长度上磁动势的大小称为（　　）。
    A. 磁动势　　　　B. 磁场强度　　　C. 磁通密度　　　　D. 磁通
16. 与磁场方向垂直的单位面积（1 m²）上的磁通量是（　　）。
    A. 磁动势　　　　B. 磁场强度　　　C. 磁通密度　　　　D. 磁通
17. 电流与线圈匝数的乘积称为（　　）。
    A. 磁动势　　　　B. 磁场强度　　　C. 磁通密度　　　　D. 磁通
18. 通电线圈插入铁芯后，下列说法正确的是（　　）。
    A. 线圈中的磁感应强度 $B$ 增强　　　B. 线圈中的磁场强度 $H$ 增强
    C. 线圈中的磁场强度 $H$ 减小　　　　D. 线圈中的磁感应强度 $B$ 减小
19. 会造成磁盘上的磁性消失的情况为（　　）。
    A. 潮湿　　　　　B. 振动　　　　　C. 干燥　　　　　　D. 冷却
20. 一般某些电子仪器用铁壳罩住，其作用是（　　）。
    A. 防止雷击　　　　　　　　　　　　B. 防止短路
    C. 防止外磁场的干扰　　　　　　　　D. 防止漏电
21. 关于电磁感应现象，下列说法正确的是（　　）。
    A. 只要导体在磁场中运动，就能产生感应电动势
    B. 导体在磁场中顺着磁力线的方向运动时能产生感应电动势

C. 导体在磁场中做切割磁力线的运动时能产生感应电动势
D. 当导体中通入直流电时能产生感应电动势

22. 直导体在磁场中切割磁力线产生的感应电动势的方向用（　　）判定。
A. 左手定则　　　　　　　　　　B. 右手定则
C. 右手螺旋定则　　　　　　　　D. 楞次定律

23. 当一段导体在磁场中做切割磁力线的运动时（　　）。
A. 在导体中产生感应电动势　　　B. 在导体中产生感应电流
C. 导体受到电磁力的作用　　　　D. 导体产生热效应

24. 电感线圈中感应电动势的大小与磁通的变化率成正比，这就是（　　）的内容。
A. 法拉第电磁感应定律　　　　　B. 楞次定律
C. 安培环路定律　　　　　　　　D. 基尔霍夫定律

25. 法拉第电磁感应定律揭示的物理现象包括（　　）。
A. 电流通过导体发热
B. 电流周围存在磁场
C. 导体在磁场中做切割磁力线运动产生感应电动势
D. 通电导体在磁场中受到电磁力的作用

26. 导体切割磁力线产生的感应电压与（　　）。
A. 磁通密度和导体的移动速度成正比
B. 磁通密度和导体的移动速度成反比
C. 磁通密度和导体中的电流成反比
D. 磁通密度和导体中的电流成正比

27. 空心电感线圈中感应电动势的大小与（　　）。
A. 线圈中电流的大小成正比　　　B. 线圈中电流的变化率成正比
C. 线圈中电流的变化率成反比　　D. 线圈中电流的大小成反比

28. 在磁场中做切割磁力线运动的导体中产生的感应电动势的大小（　　）。
A. 与磁通密度成正比　　　　　　B. 与导体中的电流大小成正比
C. 与磁通密度成反比　　　　　　D. 与导体中的电流大小成反比

29. 对互感电动势大小有影响的因素有（　　）。
A. 线圈匝数、电流变化率　　　　B. 线圈绕向、电流变化率
C. 线圈相对位置、电流方向　　　D. 线圈尺寸、电流相位

30. 空心线圈中间装上铁芯后成为带铁芯的线圈，其电感系数（　　）。
A. 变小且是常数　　　　　　　　B. 变大且是常数
C. 变小且是变量　　　　　　　　D. 变大且是变量

31. 如果使一个通电线圈产生的磁通穿过另一个线圈，则在第一线圈中的磁通发生变化时，会在第二个线圈上感应出电压来，这一现象称为（　　）。
A. 自感　　　　B. 互感　　　　C. 涡流　　　　D. 磁化

32. 利用互感原理工作的设备是（　　）。
A. 滤波器　　　B. 整流器　　　C. 变压器　　　D. 继电器

33. 两个线圈的相对位置会影响（　　）。

A. 自感电动势的大小　　　　　　　　B. 自感电动势的极性
C. 互感电动势的大小　　　　　　　　D. 互感电动势的频率

34. 根据楞次定律，如图 4.5 所示电路中的开关 S 断开时，线圈中自感电动势的极性为（　　）。
A. a 端为正，b 端为负　　　　　　　B. a 端为负，b 端为正
C. a、b 端均为正　　　　　　　　　　D. 无法确定

35. 根据楞次定律，如图 4.6 所示电路中的开关 S 闭合时，线圈中自感电动势的极性为（　　）。
A. a 端为正，b 端为负　　　　　　　B. a 端为负，b 端为正
C. a、b 端均为正　　　　　　　　　　D. 无法确定

图 4.5

图 4.6

36. 在图 4.7 所示电路中，开关断开时，小磁针停在图 4.7（a）所示位置；当开关闭合时，小磁针停在图 4.7（b）所示位置，则（　　）。

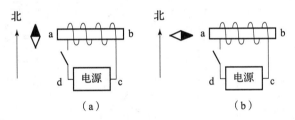

图 4.7

A. a 端是电磁铁 N 极，c 端是电源正极　　B. a 端是电磁铁 N 极，c 端是电源负极
C. b 端是电磁铁 N 极，d 端是电源正极　　D. b 端是电磁铁 N 极，d 端是电源负极

37. 通电线圈中感应电动势的方向与（　　）有关。
A. 电流的大小　　　　　　　　　　　B. 电流的方向
C. 电流大小和方向　　　　　　　　　D. 电流变化率的正负

38. 利用楞次定律可以确定（　　）。
A. 自感电动势的大小　　　　　　　　B. 互感电动势的大小
C. 自感电动势的极性　　　　　　　　D. 导体受力的方向

39. 电感中储存的磁场能量大小（　　）。
A. 与电压成正比　　　　　　　　　　B. 与电压的平方成正比
C. 与电流成正比　　　　　　　　　　D. 与电流的平方成正比

40. 楞次定律所描述的是（　　）。
A. 一个导体在磁场中切割磁力线产生感应电压
B. 在任何电路中感应电压所产生的磁通总是反抗原磁通变化

C. 通电导体在磁场中受到的洛仑兹力
D. 在任何电路中感应电压所产生的磁通总是增强原磁通

41. 当一个线圈中的电流变化时，将在该线圈中产生感应电动势，这一现象称为（　　）。
　A. 自感　　　　B. 互感　　　　C. 电流的磁效应　　D. 磁存储

42. 线性电感 $L$ 两端的感应电压大小（　　）。
　A. 与电流的大小成正比　　　　B. 与电流的变化率成正比
　C. 与电压的大小成正比　　　　D. 与电压的变化率成正比

43. 影响线性电感大小的因素有（　　）。
　A. 尺寸、匝数　　B. 尺寸、电流　　C. 尺寸、电压　　D. 电压、电流

## 二、计算题

如图 4.8 所示，abcd 是一竖直的矩形导线框，线框面积为 $S$，放在磁感强度为 $B$ 的均匀水平磁场中，ab 边在水平面内且与磁场方向成 60°角，若导线框中的电流为 $I$，则导线框所受的安培力对某竖直的固定轴的力矩等于多少？

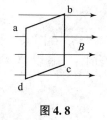

**图 4.8**

# 4.2　电磁感应现象

考纲要求：
（1）分析归纳通过磁场产生电流的条件。
（2）分析感应电流的方向与磁场方向和导线运动方向有关；掌握右手定则。
必考点：感应电流产生的条件及感应电动势大小计算。
重难点：正确理解感应电流的产生条件及大小。

**本节知识**

### 1. 电磁感应现象

1）产生感应电流的条件

通过实验发现导体切割磁力线时闭合电路中有电流；而不切割磁力线时，电路中没有电流。回忆磁通量定义 $\Phi = BS$，对闭合回路而言，所处磁场 $B$ 未变，仅因为 $AB$ 的运动使回路在磁场中部分面积变了，使穿过回路的磁通变化，故回路中产生了感应电流。利用磁场产生电流的现象叫作电磁感应现象，用电磁感应的方法产生的电流叫作感应电流。

产生感应电流的条件：

闭合回路中的一部分导体在磁场中做切割磁感线运动时，回路中有感应电流。

2）电磁感应电流的方向

（1）右手定则：感应电流的方向跟导体运动的方向和磁感线的方向都有关系。它们三者之间满足——右手定则：伸开右手，使大拇指和四指在同一平面内并且拇指与其余四指垂直，让磁力线从掌心穿入，拇指指向导体运动方向，四指所指的方向是感应电流的方向。在感应电流方向、磁场方向、导体运动方向中已知任意两个的方向可以判断第三个的方向。

（2）楞次定律。

用右手定则判定导体与磁场发生相对运动时产生的感应电流方向较为方便。如何来判定闭合电路的磁通量发生变化时产生的感应电流方向呢？

楞次定律指出：感应电流的方向，总是使感应电流的磁场阻碍引起感应电流的磁通量的变化，它是判断感应电流方向的普遍规律。

当磁铁插入线圈时，原磁通在增加，线圈所产生的感应电流的磁场方向总是与原磁场方向相反，即感应电流的磁场总是阻碍原磁通的增加。

当磁铁拔出线圈时，原磁通在减少，线圈所产生的感应电流的磁场方向总是与原磁场方向相同，即感应电流的磁场总是阻碍原磁通的减少。

因此，得出结论：

当将磁铁插入或拔出线圈时，线圈中感应电流所产生的磁场总是阻碍原磁通的变化，这就是楞次定律的内容。

根据楞次定律判断出感应电流磁场方向，然后根据安培定则即可判断出线圈中的感应电流方向。

总结：应用楞次定律的步骤如下。

第一步，明确原有磁场的方向以及穿过闭合电路的磁通是增加还是减少；

第二步，确定感应电流产生的磁场方向（跟原磁场相反还是相同）；

第三步，用右手螺旋定则来确定感应电流的方向。

## 2. 电磁感应定律

1）感应电动势

如果闭合回路中有持续的电流，那么该回路中必定有电动势。

**感应电动势**：在电磁感应现象中，由电磁感应产生的电动势叫作感应电动势。

**注意**：电磁感应现象发生时，在闭合回路中做切割磁力线运动的那部分导体就是一个电源。

明确一下研究感应电动势的重要性：

首先，感应电流的大小是随着电阻的变化而变化的，而感应电动势的大小与电阻无关。

其次，电动势是电源本身的特性，与外电路状态无关。不论电路是否闭合，只要有电磁感应现象发生，就会产生感应电动势，而感应电流只有当回路闭合时才有，开路时则不能产生。

总结：由以上分析可知，感应电动势比感应电流更能反映电磁现象的本质。

2）电磁感应定律

法拉第电磁感应定律：电路中感应电动势的大小，跟穿过这一电路的磁通量的变化率成正比。

（1）对于单匝线圈

$$\varepsilon = -\frac{\Delta\Phi}{\Delta t} \quad (4-2)$$

（2）对于 $N$ 个线圈，穿过每匝线圈的磁通相同

$$\varepsilon = -N\frac{\Delta\Phi}{\Delta t} \quad (4-3)$$

式中　$\varepsilon$——感应电动势，单位是伏[特]，符号为 V。

式（4-2）、式（4-3）中负号反映楞次定律的内容，即感应电流的磁通总是阻碍产生感应电流的磁通的变化，它并不表示算出的感应电动势的值一定小于零。

总结分析：

（1）磁通量变化越快，感应电动势越大，在同一电路中感应电流越大；反之，则越小。

（2）磁通量变化快慢的意义：

①在磁通量变化 $\Delta\varphi$ 相同时，所用的时间 $\Delta t$ 越少，变化越快；反之，则变化越慢。

②在变化时间一样时，变化量越大，表明磁通变化越快；反之，则变化越慢。

③磁通量变化 $\Delta\varphi$ 的快慢，可用单位时间 $\Delta t$ 内的磁通量的变化即磁通量的变化率来表示。

可见，感应电动势的大小由磁通量的变化率来决定。

如图 4.9 所示，abcd 是一个矩形线圈，它处于磁感应强度为 $B$ 的匀强磁场中，线圈平面和磁场垂直，ab 边可以在线圈平面上自由滑动。设 ab 长为 $l$，匀速滑动的速度为 $v$，在 $\Delta t$ 时间内，由位置 ab 滑动到 a'b'，利用电磁感应定律，ab 中产生的感应电动势大小为

$$E = \frac{\Delta\Phi}{\Delta t} = \frac{B\Delta S}{\Delta t} = Blv$$

上式适用于 $v\perp l$、$v\perp B$ 的情况。

如图 4.10 所示，设速度 $v$ 和磁场 $B$ 之间有一夹角 $\theta$，将速度 $v$ 分解为两个互相垂直的分量 $v_1$、$v_2$，$v_1 = v\cos\theta$ 与 $B$ 平行，不切割磁感线；$v_2 = v\sin\theta$ 与 $B$ 垂直，切割磁感线。因此，导线中产生的感应电动势为

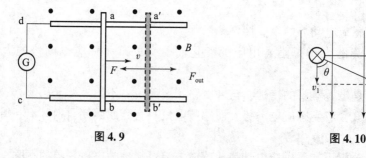

图 4.9　　　　　　　　图 4.10

$$E = Blv_2 = Blv\sin\theta$$

上式表明，在磁场中，运动导线产生的感应电动势的大小与磁感应强度 $B$、导线长度 $l$、导线运动速度 $v$ 以及导线运动方向与磁感线方向之间夹角的正弦 $\sin\theta$ 成正比。

用右手定则可判断 ab 上感应电流的方向。

若电路闭合且电阻为 $R$，则电路中的电流为

$$I = \frac{E}{R}$$

说明：(1) 利用公式 $E = Blv$ 计算感应电动势时，若 $v$ 为平均速度，则计算结果为平均感应电动势；若 $v$ 为瞬时速度，则计算结果为瞬时感应电动势。

(2) 利用公式 $E = \frac{\Delta\Phi}{\Delta t}$ 计算出的结果为 $\Delta t$ 时间内感应电动势的平均值。

**例题讲解**

【例 4-5】 在图 4.11 中，设匀强磁场的磁感应强度 $B$ 为 0.1 T，切割磁感线的导线长度 $l$ 为 40 cm，向右运动的速度 $v$ 为 5 m/s，整个线框的电阻 $R$ 为 0.5 Ω，求：

(1) 感应电动势的大小；
(2) 感应电流的大小和方向；
(3) 使导线向右匀速运动所需的外力；
(4) 外力做功的功率；
(5) 感应电流的功率。

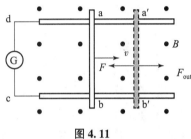

图 4.11

**解**：(1) 线圈中的感应电动势

$$E = Blv = 0.1 \times 0.4 \times 5 = 0.2 \text{ (V)}$$

(2) 线圈中的感应电流

$$I = \frac{E}{R} = \frac{0.2}{0.5} = 0.4 \text{ (A)}$$

由右手定则可判断出感应电流方向为 abcd。

(3) 由于 ab 中产生了感应电流，电流在磁场中将受到安培力的作用。用左手定则可判断出 ab 所受安培力方向向左，与速度方向相反，因此，若要保证 ab 以速度 $v$ 匀速向右运动，必须施加一个与安培力大小相等方向相反的外力，所以外力方向向右。

$$F = BIl = 0.1 \times 0.4 \times 0.4 = 0.016 \text{ (N)}$$

(4) 外力做功的功率

$$P = Fv = 0.016 \times 5 = 0.08 \text{ (W)}$$

(5) 感应电流的功率

$$P' = EI = 0.2 \times 0.4 = 0.08 \text{ (W)}$$

可以看到 $P = P'$，这正是能量守恒定律所要求的。

【例 4-6】 在一个 $B = 0.01$ T 的匀强磁场里，放一个面积为 0.001 m² 的线圈，线圈匝数为 500 匝。在 0.1 s 内，把线圈平面从与磁感线平行的位置转过 90°，变成与磁感线垂直，求这个过程中感应电动势的平均值。

**解**：在 0.1 s 时间内穿过线圈平面的磁通变化量

$$\Delta\Phi = \Phi_2 - \Phi_1 = BS - 0 = 0.01 \times 0.001 = 1 \times 10^{-5} \text{ (Wb)}$$

感应电动势

$$E = N\frac{\Delta\Phi}{\Delta t} = 500 \times \frac{1 \times 10^{-5}}{0.1} = 0.05 \text{ (V)}$$

**知识精练**

1. （2019 年高考题）如图 4.12 所示，小灯泡 L 的规格是"2 V、3 W"连接在光滑的水平导轨上，两导轨相距 0.1 m，电阻忽略不计，金属棒 ab 垂直放在导轨上，电阻为 2 Ω，整个装置处在磁感应强度 $B = 0.2$ T 的匀强磁场中，为使小灯泡正常发光，求（1）ab 的滑行速度；

（2）外力拉动金属棒 ab 的功率。

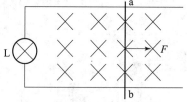

图 4.12

2. （2018 年高考题）如图 4.13 所示，金属线框 abcd 在匀强磁场中沿金属框架向右匀速运动，下列说法错误的是（　　）。

A. 导线 ab 和 cd 中有感应电流

B. 导线 ab 和 cd 中感应电流大小相等

C. M 点的电位比 N 点高

D. abcd 中感应电流方向是顺时针的

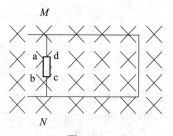

图 4.13

3. （2017 年高考题）超导是当今高科技的热点之一，当一块磁体靠近超导体时，超导体会产生强大的电流，并对磁体有排斥作用，磁悬浮列车就是采用此项技术，这种排斥力可使磁体悬浮在空中，磁悬浮的原理是（　　）。

1. 超导体电流产生磁场的方向与磁体的磁场方向相同

2. 超导体电流产生磁场的方向与磁体的磁场方向相反

3. 超导体对磁体的磁力大于磁体的重力

4. 超导体对磁体的磁力与磁体的重力相平衡

A. 1、3　　　　　　　　　　　　B. 1、4

C. 2、3　　　　　　　　　　　　D. 2、4

4. （2017 年高考题）如图 4.14 所示，电源电动势 $E = 2$ V，内阻 $r = 0.2$ Ω，电阻 $R_L = 0.2$ Ω。DE、CF 为竖直平面内的导电轨道，处于水平均匀磁场中，磁场方向如图 4.14 所示，导电轨道足够长（电阻忽略），磁场区域足够大，ab 为铜棒，质量为 5 g，长度为 25 cm，电阻为 0.2 Ω，可以在光滑轨道上自由滑动，求：

(1) S 断开，要 ab 保持不动，均匀磁场磁感应强度 $B$ 应为多大？

(2) 如果磁感应强度 $B$ 保持不变，S 接通瞬间铜棒的加速度为多大？

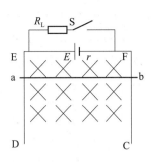

图 4.14

5. （2015 年高考题）线圈中的磁通在 0.2 s 内由零线性增加到 $1.8 \times 10^{-5}$ Wb，测得线圈中产生的磁感应电动势大小为 3.6 V，则线圈的匝数为_____。

6. （2015 年高考题）如图 4.15 所示，平行金属框置于磁感应强度 $B = 2$ T 的匀强磁场中，磁力线与金属框平面垂直，框上连接电阻 $R = 4$ Ω，金属框电阻忽略不计，CD 间的距离 $d = 0.5$ m，长度 $L = 1$ m，电阻 $r = 2$ Ω 的均匀导体棒 AB 在恒力 $F = 1$ N 的作用下，从静止开始向右平移（忽略摩擦），AB 移动过程中始终与金属框接触，金属框足够长，磁场区域足够大。

(1) 判断通过电阻 $R$ 的电流方向。
(2) 求 AB 棒达到的最大速度。
(3) 求 AB 棒速度最大时，$R$ 消耗的电功率 $P$。
(4) 求 AB 棒速度最大时，A、B 两端电位差，哪端电位高？

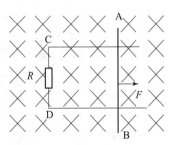

图 4.15

7. 在纸面内放有一磁铁和一圆线圈（图 4.16），下列情况中能使线圈中产生感应电流的是（　　）。

　A. 将磁铁在纸面内向上平移
　B. 将磁铁在纸面内向右平移
　C. 将磁铁绕垂直纸面的轴转动
　D. 将磁铁的 N 极转向纸外，S 极转向纸内

8. 对电磁感应现象，下列说法中正确的是（　　）。

　A. 只要有磁通量穿过电路，电路中就有感应电流
　B. 只要闭合电路在做切割磁感线运动，电路中就有感应电流
　C. 只要穿过闭合电路的磁通量足够大，电路中就有感应电流
　D. 只要穿过闭合电路的磁通量发生变化，电路中就有感应电流

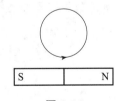

图 4.16

9. 如图 4.17 所示，MN 是一根固定的通电直导线，电流方向向上。今将一金属线框 abcd 放在导线上，让线框的位置偏向导线的左边，两者彼此绝缘。当导线中的电流突然增大时，线框整体受力情况为（　　）。

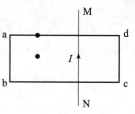

图 4.17

A. 受力向右
B. 受力向左
C. 受力向上
D. 受力为零

10. 在沿水平方向的匀强磁场中，有一圆形金属线圈可绕沿其直径的竖直轴自由转动。开始时线圈静止，线圈平面与磁场方向既不平行也不垂直，所成的锐角为 $\alpha$。在磁场开始增强后的一个极短时间内，线圈平面（　　）。

A. 维持不动
B. 将向使 $\alpha$ 减小的方向转动
C. 将向使 $\alpha$ 增大的方向转动
D. 将转动，因不知磁场方向，不能确定 $\alpha$ 会增大还是会减小

11. 如图 4.18 所示，在一很大的有界匀强磁场上方有一闭合线圈，当闭合线圈从上方下落穿过磁场的过程中（　　）。

A. 进入磁场时加速度可能小于 $g$，离开磁场时加速度可能大于 $g$，也可能小于 $g$
B. 进入磁场时加速度大于 $g$，离开时小于 $g$
C. 线圈进入磁场前和完全进入磁场后的加速度均为 $g$
D. 进入磁场和离开磁场加速度都小于 $g$

12. 矩形导线框 abcd 固定在匀强磁场中，磁感线的方向与导线框所在平面垂直，规定磁场的正方向垂直纸面向里，磁感应强度 $B$ 随时间变化的规律如图 4.19 所示。若规定顺时针方向为感应电流 $I$ 的正方向，下列各图中正确的是（　　）。

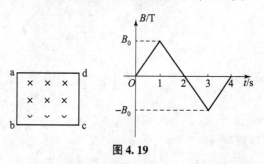

图 4.19

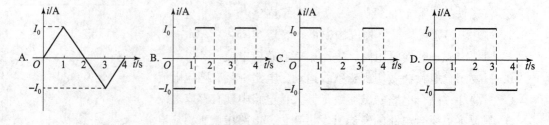

13. 如图 4.20 所示，一个由导体做成的矩形线圈，以恒定速率 $v$ 运动，从无场区进入匀强磁场区（磁场宽度大于 bc 间距），然后出来，若取逆时针方向为感应电流的正方向，那么选项中正确地表示回路中感应电流随时间变化关系的图像是（　　）。

图 4.20

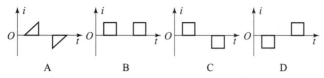

14. 如图 4.21 所示，A、B 是两个完全相同的灯泡，B 灯与电阻 $R$ 串联，A 灯与自感系数较大的线圈 $L$ 串联，其直流电阻忽略不计。电源电压恒定不变，下列说法正确的是（　　）。

A. 当电键 K 闭合时，A 比 B 先亮，然后 A 熄灭
B. 当电键 K 闭合时，B 比 A 先亮，最后 A 比 B 亮
C. 当电键 K 断开时，B 先熄灭，A 后熄灭
D. 当电键 K 断开时，B 先闪亮一下然后与 A 同时熄灭

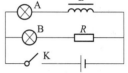

图 4.21

15. 如图 4.22 所示，固定位置在同一水平面内的两根平行长直金属导轨的间距为 $d$，其右端接有阻值为 $R$ 的电阻，整个装置处在竖直向上磁感应强度大小为 $B$ 的匀强磁场中。一质量为 $m$（质量分布均匀）的导体杆 ab 垂直于导轨放置，且与两导轨保持良好接触，杆与导轨之间的动摩擦因数为 $\mu$。现杆在水平向左、垂直于杆的恒力 $F$ 作用下从静止开始沿导轨运动距离 $L$ 时，速度恰好达到最大（运动过程中杆始终与导轨保持垂直）。设杆接入电路的电阻为 $r$，导轨电阻不计，重力加速度大小为 $g$，则此过程（　　）。

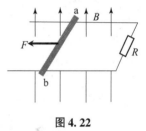

图 4.22

A. 杆的速度最大值为 $\dfrac{(F-\mu mg)R}{B^2 d^2}$

B. 流过电阻 $R$ 的电量为 $\dfrac{Bdl}{R+r}$

C. 恒力 $F$ 做的功与摩擦力做的功之和等于杆动能的变化量

D. 恒力 $F$ 做的功与安培力做的功之和大于杆动能的变化量

16. 如图 4.23 所示，匀强磁场 $B=0.1$ T，金属棒 AB 长 0.4 m，与框架宽度相同，电

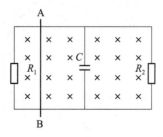

图 4.23

阻为 $R=1/3$ Ω，框架电阻不计，电阻 $R_1=1$ Ω，$R_2=2$ Ω，当金属棒以 5 m/s 的速度匀速向左运动时，求：

（1）流过金属棒的感应电流多大。

（2）若图 4.23 中电容器 $C$ 为 0.3 μF，则充电量为多少？

17. 如图 4.24 所示，边长为 $L$、匝数为 $n$ 的正方形金属线框，它的质量为 $m$、电阻为 $R$，用细线把它悬挂于一个有界的匀强磁场边缘。金属框的上半部处于磁场内，下半部处于磁场外，磁场随时间的变化规律为 $B=kt$。求：

（1）线框中的电流强度为多大？

（2）$t$ 时刻线框受的安培力为多大？

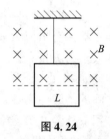

图 4.24

18. 发电机转子是边长为 0.2 m 的正方形，线圈匝数为 100 匝，内阻 8 Ω，初始位置如图 4.25 所示，以 ad、bc 中点连线为轴用 600 r/min 的转速在 $\dfrac{1}{\pi}$ T 的匀强磁场中转动，灯泡电阻为 24 Ω，则：

（1）从图 4.25 所示位置开始计时，写出感应电动势的瞬时值方程。

（2）灯泡的实际消耗功率为多大？

（3）从图 4.25 所示位置开始经过 0.15 s 灯泡中产生的热量为多少？通过灯泡的电量为多少？

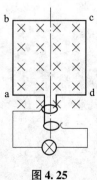

图 4.25

## 4.3 自感与互感

**本节知识**

### 1. 自感现象与互感现象

| 内容 | 自感现象 | 互感现象 |
|---|---|---|
| 概念 | 当导体中的电流发生变化时，导体本身就产生感应电动势，这个电动势总是阻碍导体中原来电流的变化。这种由于导体本身的电流发生变化而产生的电磁感应现象叫作自感现象，自感现象中产生的感应电动势叫作自感电动势 | 由于此线圈电流变化引起另一个线圈产生感应电动势的现象叫作互感现象。产生的感应电动势叫作互感电动势 |
| 感应电动势大小、单位 | 自感电动势 $$e_L = -L\frac{\Delta i}{\Delta t}$$ 式中 $\Delta i$——线圈中电流的变化量，单位是安［培］，符号为 A；$\Delta t$——线圈中电流变化了 $\Delta i$ 所用的时间，单位是秒，符号为 s；$L$——线圈的自感系数，单位是亨［利］，符号为 H；$e_L$——自感电动势，单位是伏［特］，符号为 V。公式中的负号表明自感电动势总是企图阻止电流的变化 | 互感电动势 $$e_M = -M\frac{\Delta i}{\Delta t}$$ 式中 $\Delta i$——线圈中电流的变化量，单位是安［培］，符号为 A；$\Delta t$——线圈中电流变化了 $\Delta i$ 所用的时间，单位是秒，符号为 s；$M$——线圈的互感系数，单位是亨［利］，符号为 H；$e_M$——互感电动势，单位是伏［特］，符号为 V |
| 方向 | 楞次定律判断 | 楞次定律判断 |
| 自感与互感系数关系 | 同一电流流过不同的线圈产生的磁链不同，为表示各个线圈产生自感磁链的能力，将线圈的自感磁链与电流的比值称为线圈的自感系数，简称电感，用 $L$ 表示 $$L = \frac{\Psi_L}{I}$$ 即 $L$ 是一个线圈通过单位电流时所产生的磁链。电感的单位是 H（亨）以及 mH（毫亨）、μH（微亨），它们之间的关系为 $$1\ H = 10^3\ mH = 10^6\ \mu H$$ | 互感系数由这两个线圈的几何形状、尺寸、匝数、它们之间的相对位置以及磁介质的磁导率决定，与线圈中的电流大小无关。互感系数决定于两线圈的自感系数和耦合系数 $$M = K\sqrt{L_1 L_2}$$ 单位是 H（亨） |

| 内容 | 自感现象 | 互感现象 |
|---|---|---|
| 应用 | 1. 自感现象广泛存在<br>凡是有导线、线圈的设备中，只要有电流变化都有自感现象存在，因此要充分考虑自感和利用自感。<br>2. 利用自感现象<br>实例：日光灯。日光灯电路中利用镇流器的自感现象获得点燃灯管所需要的高压，并且使日光灯正常工作。<br>3. 自感现象的危害<br>在具有很大自感线圈而电流又很强的电路中，当电路断开的瞬间，由于电路中的电流变化很快，在电路中会产生很大的自感电动势，可能击毁线圈的绝缘保护，或者使开关的闸刀和固定夹片之间的空气电离成导体，产生电弧而烧毁开关，甚至危害工作人员的安全 | 1. 互感现象的应用<br>应用互感可以很方便地把能量或信号由一个线圈传递到另一个线圈。我们使用的各种各样的变压器，如电力变压器、中周变压器、钳形电流表等都是根据互感原理工作的。<br>2. 互感现象的危害<br>例如：有线电话常常会由于两路电话间的互感而引起串音；无线电设备中，若线圈位置安放不当，线圈间相互干扰，影响设备正常工作 |

**2. 电感器**

1）电感线圈概念

电感线圈是由导线一圈又一圈地绕在绝缘管上，导线彼此互相绝缘，而绝缘管可以是空心的，也可以包含铁芯或磁芯，简称电感，符号为 $L$。

2）电感电路符号（图 4.26）

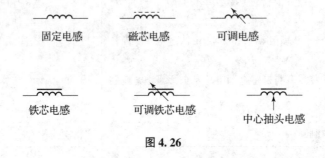

图 4.26

3）电感器的作用

电感器是利用电磁感应原理做成的，它是一种储能元件，能够将电能转换成磁场能并储存起来。电感元件在电子电路中主要与电容组成 LC 谐振回路，其作用是调谐、选频、振荡、阻流及带通（带阻）滤波等，具有通直流阻交流、通低频阻高频的作用。

4）电感器的常用分类

最常用到的电感器分类方法是：根据线圈内有无铁芯，分为空心和铁芯电感线圈。

（1）空心电感线圈。

①定义：绕在非铁磁材料做成的骨架上的线圈叫作空心电感线圈。

② $\Psi - I$ 特性：

**磁链 $\Psi$**：一个 $N$ 匝的电感线圈通有电流 $I$，在每匝线圈上产生的磁通为 $\Phi$，则线圈的磁链为

$$\Psi = N\Phi$$

磁通 $\Phi$ 与磁链 $\Psi$ 都是电流 $I$ 的函数，都随电流的变化而变化。理论和实验都可以证明，磁链 $\Psi$ 与电流 $I$ 成正比，即

$$\Psi = LI \quad \text{或} \quad L = \frac{\Psi}{I} \tag{4-4}$$

式中　$I$——线圈中的电流，单位是安[培]，符号为 A；

　　　$\Psi$——线圈中的磁链，单位是韦[伯]，符号为 Wb；

　　　$L$——线圈的自感系数，简称自感或电感，单位是亨[利]，符号为 H。

实际中常用到的单位还有毫亨（mH）和微亨（μH）。

$$1 \text{ mH} = 10^{-3} \text{ H} \quad 1 \mu\text{H} = 10^{-6} \text{ H}$$

**小结**：空心线圈的附近只要不存在铁磁材料，其电感是一个常量，该常量与电流的大小无关，只由线圈本身的性质决定，即只决定于线圈截面积的大小、几何形状与匝数的多少，这种电感称为线性电感。

（2）铁芯电感线圈。

①定义：在空心电感线圈内放置铁磁材料制成的铁芯叫作铁芯电感线圈。

②$\Psi-I$ 特性：通过铁芯线圈的电流与磁链不是正比关系，比值 $\frac{\Psi}{I}$ 不是常数。电感的大小随电流的变化而变化，这种电感叫作非线性电感。

**提示**：有时为了增大电感，常常在线圈中放置铁芯或磁芯使单位电流所产生的磁链剧增，从而达到增大电感的目的。

### 3. 电感线圈的参数

电感元件是一个储能元件（磁场能），它有两个重要参数：一个是电感，一个是额定电流。

1）电感量

电感量 $L$ 也称自感系数，是用来表示电感元件自感应能力的物理量。

当通过一个线圈的磁通发生变化时，线圈中便会产生电势，这就是电磁感应现象。电势大小正比于磁通变化率和线圈匝数。自感电动势的方向总是阻止电流变化的，犹如线圈具有惯性，这种电磁惯性的大小就用电感量 $L$ 来表示。$L$ 表示线圈本身固有特性，与电流大小无关，主要取决于线圈的圈数（匝数）、绕制方式、有无磁芯及磁芯的材料等。通常，线圈圈数越多绕制的线圈越密集，电感量就越大。有磁芯的线圈比无磁芯的线圈电感量大；磁芯磁导率越大的线圈，电感量也越大。$L$ 的基本单位是 H（亨[利]），实际用得较多的单位为毫亨（mH）和微亨（μH）。

$$1 \text{ mH} = 10^{-3} \text{ H} \quad 1 \mu\text{H} = 10^{-6} \text{ H}$$

2）额定电流

通常是指允许长时间通过电感元件的直流电流值。

选用电感元件时，其额定电流值一般要稍大于电流中流过的最大电流。

**注意**：实际的电感线圈常用导线绕制而成，因此除具有电感外还具有电阻。由于电感线圈的电阻很小，常可忽略不计，它就成为一种只有电感而没有电阻的理想线圈，即纯电

感线圈，简称电感。

**4. 电感器的型号命名方法**

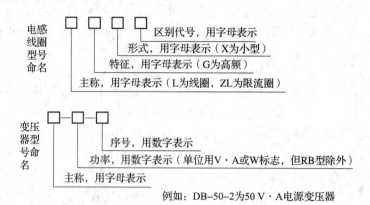

**5. 电感器的识读**

电感器的标称方法与电阻相同，也有四种。

（1）直标法：将电感器的电感量用数字和文字符号直接标在电感器外壁上，电感量单位最后一个英文字母表示其误差。例如，560 μHK 表示电感量为 560 μH，误差为 ±10%。

（2）文字符号法：用数字和文字符号按一定的规律组合在电感体上，采用这种表示方法一般是一些小功率电感器。其单位通常为 nH 或 μH，用 N 或 R 代表小数点。例如，4N7 表示电感量为 4.7 nH；4R7 则代表 4.7 μH；47N 表示 47 nH；6R8K 表示电感量为 6.8 μH，后缀字母 K 表示误差 ±10%。

（3）色标法：与电阻相同。

（4）数码法：用三位数字表示电感器的标称值，在三位数字中从左至右第一二位为有效数字，第三位为有效数字后面 0 的个数。其单位为 μH，后面用字母表示误差。例如，102J 表示 1 000 μH，误差为 ±5%，特别注意 470 不表示 470 μH 而是 47 μH。

一般电感用文字符号表示误差值：用 J 表示误差为 ±5%；用 K 表示误差为 ±10%；用 M 表示误差为 ±20%。如：100 M，即为 10 μH，误差 20%。精密电感，误差值为 1%，用 F 表示。

**6. 电感器的检测（好坏判断）**

（1）电感测量：将数字万用表打到蜂鸣二极管挡或将模拟万用表打到 $R \times 1$ 挡，把表笔放在两引脚上，看万用表的读数。

（2）好坏判断：对于贴片电感，此时的读数应为零，若万用表读数偏大或为无穷大则表示电感损坏。对于电感线圈匝数较多，线径较细的线圈读数会有几十到几百欧，通常情况下线圈的直流电阻只有几欧姆。

**例题讲解**

【例 4-7】 （2019 年高考题）与自感电动势大小无关的是（　　）。

A. 通过线圈的电流变化率　　　　B. 通过线圈的电流大小
C. 线圈的自感系数　　　　　　　D. 线圈的匝数

**解**：选 B

**解析**：由 $e_L = -L\dfrac{\Delta i}{\Delta t}$ 可知，自感电动势大小与通过线圈的电流变化率成正比，与 $L$ 和 $N$ 有关，与通过线圈的电流大小无关。

### 知识精练

1. 在两个耦合电感线圈中，当电流都从同名端流入时，两个线圈中的磁通（     ）。
   A. 相互增强　　　　B. 相互减弱　　　　C. 相等　　　　D. 不能确定
2. 互感线圈的同名端的作用是（     ）。
   A. 用于判断感应电动势的大小　　　　B. 用于判断感应电动势的极性
   C. 用于判断耦合系数的大小　　　　　D. 用于判断线圈的相对位置
3. 在下列设备中需要用到互感线圈中同名端概念的是（     ）。
   A. 电动机　　　　B. 发电机　　　　C. 变压器　　　　D. 继电器

# 第五章 正弦交流电

**本章考纲**

仪器仪表的使用与操作：会使用交流电压表、交流电流表、功率表；会根据实际场合选择仪器仪表的类型、量程。

典型电路的连接与应用：会连接单一参数正弦交流电路及 RL、RC、RLC 串联电路，并能进行相关计算；会测量串联谐振电路的谐振频率和单相交流电路的功率因数；会选择元器件连接电路以提高功率因数。

**考纲要求**

| 考点内容 | 要求 | 热点考向 |
| --- | --- | --- |
| 1. 正弦交流电的产生和图像 | 理解 | 高考对本章重点考查交变电流的产生过程；考查交变电流的图像；考查三要素；考查 RL、RC、RLC 串联电路中的阻抗及电压三角形和阻抗三角形的概念；考查 RLC 并联电路电流和电压的关系；考查提高功率因数的方法以及并联电容器电容的计算；考查串、并联谐振的条件、特点及其应用 |
| 2. 正弦交变电流的函数表达式、峰值和有效值 | 掌握 | |
| 3. 正弦交流电基本物理量（瞬时值、最大值、有效值、角频率、周期、频率、相位、初相位、相位差）的概念 | 理解 | |
| 4. 正弦交流电的解析式表示法、正弦曲线表示法、相量图表示法和相量表示法。正弦交流电路的分析方法：时域关系法、相量法和相量图法 | 熟练掌握 | |
| 5. 正弦交流电路中感抗、容抗、有功功率、无功功率、视在功率、功率因数、阻抗、复数阻抗、电压三角形、电流三角形、阻抗三角形、功率三角形的概念 | 理解 | |
| 6. 纯电阻、电感、电容电路特点 | 掌握 | |
| 7. RLC 串联正弦交流电路中电流和电压的关系及功率的计算 | 熟练掌握 | |
| 8. RLC 并联正弦交流电路中电流和电压的关系 | 掌握 | |
| 9. 提高功率因数的意义，并掌握提高功率因数的方法以及并联电容器电容的计算 | 熟练掌握 | |
| 10. 日光灯电路两端并联一只适当容量的电容器，可以提高整个电路功率因数的测试方法 | 掌握 | |
| 11. 串、并联谐振的条件、特点及其应用 | 掌握 | |

## 5.1 正弦交流电的基本概念

**本节知识**

**1. 交流电的产生**

(1) 交流电：大小和方向都随时间做周期性变化的电流。
(2) 交流电的变化规律如图 5.1 所示。

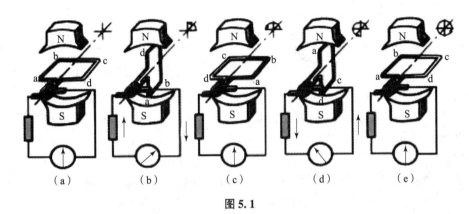

图 5.1

投影显示（或挂图）：矩形线圈在匀强磁场中匀速转动的四个过程。

线圈 abcd 在外力作用下，在匀强磁场中以角速度 $\omega$ 匀速转动时，线圈的 ab 边和 cd 边做切割磁感线运动，线圈产生感应电动势。如果外电路是闭合的，闭合回路将产生感应电流。ab 边和 cd 边的运动不切割磁感线时，不产生感应电流。

设在起始时刻，线圈平面与中性面的夹角为 $\varphi_0$，$t$ 时刻线圈平面与中性面的夹角为 $\omega t + \varphi_0$。分析得出，cd 边运动速度 $v$ 与磁感线方向的夹角也是 $\omega t + \varphi_0$，设 cd 边长度为 $L$，磁场的磁感应强度为 $B$，则由于 cd 边做切割磁感线运动所产生的感应电动势为

$$e_{cd} = BLv\sin(\omega t + \varphi_0)$$

同理，ab 边产生的感应电动势为

$$e_{ab} = BLv\sin(\omega t + \varphi_0)$$

由于这两个感应电动势是串联的，所以整个线圈产生的感应电动势为

$$e = e_{ab} + e_{cd} = 2BLv\sin(\omega t + \varphi_0) = E_m\sin(\omega t + \varphi_0) \tag{5-1}$$

式中，$E_m = 2BLv$ 是感应电动势的最大值，又叫作振幅。

可见，发电机产生的电动势是按正弦规律变化的，可以向外电路输送正弦交流电。

**2. 正弦交流电的周期、频率和角频率（描述交变电流的物理量）**

如表 5.1 所示，图像为交流电发电机产生交流电的过程及其对应的波形图。

表 5.1

| 物理量 | 函数 | 图像 |
|---|---|---|
| 磁通量 | $\Phi = \Phi_m \cos\omega t = BS\cos\omega t$ | 图 1 |
| 电动势 | $e = E_m \sin\omega t = nBS\omega \sin\omega t$ | 图 2 |

1）周期

交流电完成一次周期性变化所用的时间叫作周期，也就是线圈匀速转动一周所用的时间，用 $T$ 表示，单位是 s（秒）。在表 5.1 图 2 中，横坐标轴上由 $O$ 到 $T$ 的这段时间就是一个周期。

2）频率

交流电在单位时间（1 s）完成的周期性变化的次数叫作频率，用字母 $f$ 表示，单位是赫［兹］，符号为 Hz。常用单位还有千赫（kHz）和兆赫（MHz），换算关系如下：

$$1 \text{ kHz} = 10^3 \text{ Hz}, \quad 1 \text{ MHz} = 10^6 \text{ Hz}$$

周期与频率的关系：互为倒数关系，即

$$T = \frac{1}{f} \tag{5-2}$$

**注意**：我国发电厂发出的交流电都是 50 Hz，习惯上称为"工频"。世界各国所采用的交流电频率并不相同，有兴趣的同学可以查阅相关资料。（例如：美国、日本采用的市电频率均为 60 Hz，110 V。）

周期与频率都是反映交流电变化快慢的物理量，周期越短、频率越高，那么交流电变化越快。

3）角频率

$\omega$ 是单位时间内角度的变化量，叫作角频率。

在交流电解析式 $e = E_m \sin(\omega t + \varphi_0)$ 中，$\omega$ 是线圈转动的角速度。

角频率、频率和周期的关系：

$$\omega = \frac{2\pi}{T} = 2\pi f \tag{5-3}$$

**3. 相位和相位差**

1）相位

$t = T$ 时刻线圈平面与中性面的夹角为 $\omega t = \varphi_0$，叫作交流电的相位。相位是一个随时间变化的量。当 $t = 0$ 时，相位 $\varphi = \varphi_0$，$\varphi_0$ 叫作初相位（简称初相），它反映了正弦交流电起始时刻的状态。

**注意**：初相的大小和时间起点的选择有关，习惯上初相用绝对值小于 π 的角表示。

相位的意义：相位是表示正弦交流电在某一时刻所处状态的物理量，它不仅决定瞬时值的大小和方向，还能反映出正弦交流电的变化趋势。

2）相位差

两个同频正弦交流电，任一瞬间的相位之差叫作相位差，用符号 $\varphi$ 表示，即

$$\varphi = (\omega t + \varphi_{01}) - (\omega t + \varphi_{02}) = \varphi_{01} - \varphi_{02} \quad (5-4)$$

可见，两个同频率的正弦交流电的相位差就是初相之差。它与时间无关，在正弦量变化过程中的任一时刻都是一个常数。它表明了两个正弦量之间在时间上的超前或滞后关系。

在实际应用中，规定用绝对值小于 π 的角度（弧度值）表示相位差，以图 5.2 所示为例，其多种情况如表 5.2 所示。

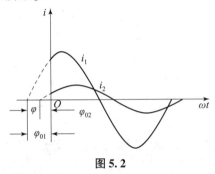

图 5.2

表 5.2

| $\varphi = \varphi_{01} - \varphi_{02}$ | 常用表述 |
| --- | --- |
| $\varphi < 0$ | $i_1$ 滞后 $i_2$ 或者 $i_2$ 超前 $i_1$ |
| $\varphi = 0$ | $i_1$ 与 $i_2$ 同相 |
| $\varphi > 0$ | $i_1$ 超前 $i_2$ 或者 $i_2$ 滞后 $i_1$ |
| $\varphi = \dfrac{\pi}{2}$ | $i_1$ 与 $i_2$ 正交 |
| $\varphi = \pi$ | $i_1$ 与 $i_2$ 反相 |

**注意**：如果已知正弦交流电的振幅，频率（或者周期、角频率）和初相（三者缺一不可），就可以用解析式或波形图将该正弦交流电唯一确定下来。因此，振幅、频率（或周期、角频率）和初相叫作正弦交流电的三要素。

### 4. 交流电的有效值

一个直流电流与一个交流电流分别通过阻值相等的电阻，如果通电的时间相同，电阻 $R$ 上产生的热量也相等，那么直流电的数值叫作交流电的有效值。

电流、电压、电动势的有效值分别用大写字母 $I$、$U$、$E$ 来表示。

正弦交流电的最大值越大，它的有效值也越大；最大值越小，它的有效值也越小。理论和实验都可以证明，正弦交流电的最大值是有效值的 $\sqrt{2}$ 倍，即

$$\left.\begin{aligned} I &= \frac{I_m}{\sqrt{2}} = 0.707 I_m \\ U &= \frac{U_m}{\sqrt{2}} = 0.707 U_m \\ E &= \frac{E_m}{\sqrt{2}} = 0.707 E_m \end{aligned}\right\} \qquad (5-5)$$

有效值和最大值是从不同角度反映交流电流强弱的物理量。通常所说的交流电的电流、电压、电动势的值，不做特殊说明的都是有效值。例如，市电电压是 220 V 是指其有效值为 220 V。

**提示**：在前面的学习中，我们曾经提道，在选择电器的耐压时，必须考虑电路中电压的最大值；选择最大允许电流时，同样也是考虑电路中出现的最大电流。例如，耐压为 220 V 的电容器，不能接到电压有效值为 220 V 的交流电路上，因为电压的有效值为 220 V，对应最大值为 311 V，会使电容器因击穿而损坏。

交流电有效值的概念是从能量角度加以定义，即交流电与直流电在热效应相等的条件下，直流电的电压（电流强度）值为交流电压（电流强度）的有效值。

### 例题讲解

【例 5-1】 下列选项所示的线圈中不能产生交变电流的是（ ）。

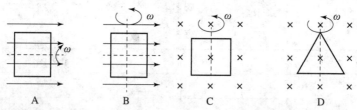

**解**：当线圈绕垂直于磁场的轴转动，磁通量发生变化才能产生交变电流，B、C、D 均符合要求，A 项中线圈的磁通量不发生变化，故不产生交变电流。

**答案**：A。

【例 5-2】 某线圈在匀强磁场中绕垂直于磁场的转轴匀速转动，产生交变电流的图像如图 5.3 所示，由图中信息可以判断（ ）。

A. 在 $A$ 和 $C$ 时刻线圈处于中性面位置

B. 在 $B$ 和 $D$ 时刻穿过线圈的磁通量为零

C. 从 $A \sim D$ 时刻线圈转过的角度为 $2\pi$

D. 若从 $O \sim D$ 时刻历时 0.02 s，则在 1 s 内交变电流的方向改变 100 次

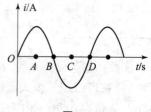

图 5.3

**解**：从该图像来看，在 $O$、$B$、$D$ 时刻电流为零，所以此时线圈恰好在中性面的位置且穿过线圈的磁通量最大；在 $A$、$C$ 时刻电流最大，线圈处于和中性面垂直的位置，此时磁通量为零；1 s 内线圈转动 50 个周期，100 次经过中性面，电流方向改变 100 次。综合以上分析可得，只有选项 D 正确。

答案：D。

【例5-3】 一正弦交流电的电压随时间变化规律如图5.4所示，则该交流电（　　）。

A. 电压瞬时值表达式为 $u = 100\sin(25t)$ V

B. 周期为 0.02 s

C. 电压有效值为 $100\sqrt{2}$ V

D. 频率为 25 Hz

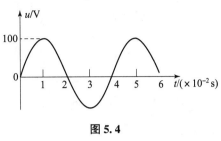

图 5.4

解：由图5.4知周期为 0.04 s，频率为 25 Hz，B 错误，D 正确；交流电的电压瞬时值的表达式为 $u = 100\sin(50t)$ V，A 错误；该交流电的电压的有效值为 $50\sqrt{2}$ V，C 错误。

答案：D。

【例5-4】 一个矩形线圈在匀强磁场中匀速转动，产生的交变电动势 $e = 220\sqrt{2}\sin100\pi t$ V，那么（　　）。

A. 该交变电流的频率是 50 Hz

B. 当 $t = 0$ 时，线圈平面恰好位于中性面

C. 当 $t = \dfrac{1}{100}$ s 时，$e$ 有最大值

D. 该交变电流电动势的有效值为 $220\sqrt{2}$ V

解：由 $e = 220\sqrt{2}\sin100\pi t$ V 可知，该交变电流的频率是 50 Hz，选项 A 正确。当 $t = 0$ 时，产生的交变电动势为零说明线圈平面恰好位于中性面，选项 B 正确。当 $t = \dfrac{1}{100}$ s 时，$e = 220\sqrt{2}\sin100\pi t$ V $= 0$，$e$ 有最小值，该交变电流电动势的有效值为 220 V，选项 C、D 错误。

答案：AB。

### 知识精练

1. 下列四幅图是交流电的图像，其中能正确反映我国居民日常生活所用交流电的是（　　）。

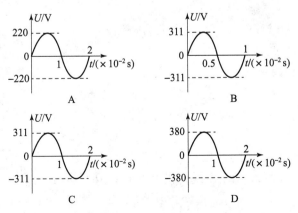

2. 某小型发电机产生的交变电动势为 $e = 50\sin100\pi t$ V。对此电动势下列表述正确的有（    ）。

    A. 最大值是 $50\sqrt{2}$ V                 B. 频率是 100 Hz

    C. 有效值是 $25\sqrt{2}$ V                D. 周期是 0.02 s

3. 正弦交流电的三个要素是（    ）。

    A. 电压、频率、相位                  B. 压差、频差、相差

    C. 幅值、频率、初相位                D. 电压、电流、功率

4. 两个正弦电流：$i_1 = 15\sin(100\pi t + 45°)$，$i_2 = 15\sin(200\pi t - 30°)$，以下说法正确的是（    ）。

    A. 两者的相位差为 75°               B. 两者的有效值相等

    C. 两者的周期相同                    D. 两者的频率相等

5. 若两个同频率的正弦电流在某一瞬时都是 5 A，以下说法正确的是（    ）。

    A. 两电流必同相                      B. 两电流幅值必相等

    C. 电流有效值为 5×1.414            D. 以上说法都不对

6. 已知某正弦电压（sin 函数）在 $t=0$ 时为 110 V，其初相位为 45°，则其有效值为（    ）。

    A. 110 V      B. 220 V      C. 110×1.414 V      D. 110/1.414 V

7. 比较两个正弦交流电的相位关系时，其前提条件是（    ）。

    A. 两者同为电压或电流                B. 两者的大小相等

    C. 两者的频率相同                    D. 两者的有效值相同

8. 两个正弦电流 $I_1 = 15\sin(314t + 45°)$，$I_2 = 10\sin(314t - 30°)$，下列说法正确的是（    ）。

    A. $I_1$ 超前于 $I_2$ 75°                 B. $I_1$ 滞后于 $I_2$ 75°

    C. $I_1$ 超前于 $I_2$ 45°                 D. $I_1$ 滞后于 $I_2$ 30°

9. 一个灯泡上标有"220 V/40 W"，这里的 220 V 指的是交流电压的（    ）。

    A. 平均值      B. 有效值      C. 最大值      D. 峰峰值

10. 图 5.5 中两个正弦交流电波形，其相位关系为（    ）。

    A. 同相位

    B. 反相位

    C. $U_1$ 超前于 $U_2$ 90°

    D. $U_1$ 滞后于 $U_2$ 90°

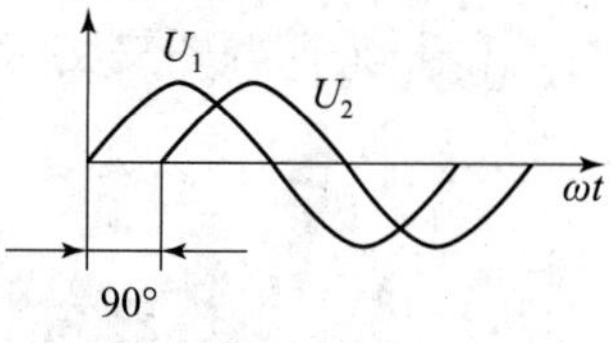

图 5.5

11. 把一只电热器接到 100 V 的直流电源上，在 $t$ 时间内产生的热量为 $Q$，若将它分别接到 $U_1 = 100\sin\omega t$ V 和 $U_2 = 50\sin2\omega t$ V 的交变电流电源上，仍要产生热量 $Q$，则所需时间分别是（    ）。

    A. $t$，$2t$      B. $2t$，$8t$      C. $2t$，$2t$      D. $t$，$t$

12. 某交变电压为 $u = 6\sqrt{2}\sin314t$ V，则（    ）。

    A. 用此交变电流作打点计时器的电源时，打点周期为 0.02 s

    B. 把额定电压为 6 V 的小灯泡接在此电源上，小灯泡正常发光

C. 把额定电压为 6 V 的小灯泡接在此电源上，小灯泡将烧毁
D. 耐压 6 V 的电容器不能直接用在此电源上

## 5.2 旋转矢量

**本节知识**

### 1. 解析法

用三角函数式表示正弦交流电随时间变化的关系，这种方法叫作解析法。正弦交流电的电动势、电压和电流的解析式分别为

$$e = E_m \sin(\omega t + \varphi_0)$$
$$u = U_m \sin(\omega t + \varphi_0)$$
$$i = I_m \sin(\omega t + \varphi_0)$$

只要给出时间 $t$ 的数值，就可以求出该时刻 $e$、$u$、$i$ 相应的值。

### 2. 波形图

在平面直角坐标系中，将时间 $t$ 或角度 $\omega t$ 作为横坐标，与之对应的 $e$、$u$、$i$ 的值作为纵坐标，作出 $e$、$u$、$i$ 随时间 $t$ 或角度 $\omega t$ 变化的曲线，这种方法叫图像法，这种曲线叫交流电的波形图，它的优点是可以直观地看出交流电的变化规律。

### 3. 旋转矢量

旋转矢量不同于力学中的矢量，它是随时间变化的矢量，它的加、减运算服从平行四边形法则。

如何用旋转矢量表示正弦量？

以坐标原点 $O$ 为端点作一条有向线段，线段的长度为正弦量的最大值 $I_m$，旋转矢量的起始位置与 $x$ 轴正方向的交角为正弦量的初相 $\varphi_0$，它以正弦量的角频率 $\omega$ 为角速度，绕原点 $O$ 逆时针匀速转动，即在任意时刻 $t$ 旋转矢量与 $x$ 轴正半轴的交角为 $\omega t + \varphi_0$。则在任一时刻，旋转矢量在纵轴上的投影就等于该时刻正弦量的瞬时值。

如图 5.6 所示，表示了某一时刻旋转矢量与对应的波形图之间的关系。

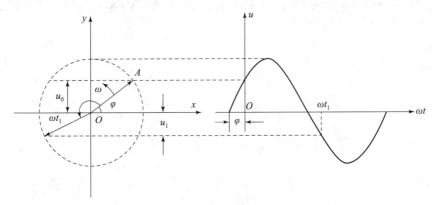

图 5.6

用旋转矢量表示正弦量的优点：

方便进行加、减运算，旋转矢量的加、减运算服从平行四边形法则。

旋转矢量既可以反映正弦量的三要素（振幅、频率、初相），又可以通过它在纵轴上的投影求出正弦量的瞬时值。

在同一坐标系中，运用旋转矢量法可以处理多个同频率旋转矢量之间的关系。

（分析：同频旋转矢量在坐标系中以同样的角速度旋转，各旋转矢量之间的交角反映彼此之间的相位差。相位差不变，相对位置保持不变，各个旋转矢量是相对静止的。因此，将它们当作静止情况处理，并不影响分析和计算的结果。）

**注意：** 只有正弦量才能用旋转矢量表示，只有同频率正弦量才能借助于平行四边形法则进行旋转矢量的加、减运算。

### 4. 小结

（1）正弦交流电常用解析法、波形图法、旋转矢量法表示，三种方法各有优缺点。

（2）用旋转矢量表示正弦量的方法是：以坐标原点 $O$ 为端点作一条有向线段，它的长度为正弦量的最大值，它的起始位置与 $x$ 轴正方向的夹角为初相角，它以角速度 $\omega$ 逆时针转动。

（3）运用旋转矢量法表示正弦量的优点。

**知识精练**

1. 已知正弦交流电压 $U = 220$ V，$f = 50$ Hz，$\varphi_u = 30°$。写出它的瞬时值式并画出波形。

2. 已知正弦交流电流 $I_m = 10$ V，$f = 50$ Hz，$\varphi_i = 45°$。写出它的瞬时值式并画出波形。

3. 比较以下正弦量的相位
（1） $u_1 = 310\sin(\omega t + 90°)$ V，$u_2 = 537\sin(\omega t + 45°)$ V；
（2） $u = 100\sqrt{2}\sin(\omega t + 30°)$ V，$i = 10\cos\omega t$ A；
（3） $u = 310\sin(100t + 90°)$ V，$i = 10\sin 1\,000t$ A；
（4） $i_1 = 100\sin(314t + 90°)$ A，$i_2 = 50\sin(100\pi t + 135°)$ A。

4. 相量图如图 5.7 所示，已知 $I = 10$ A，$U_1 = 100$ V，$U_2 = 80$ V，$U_m = 310$ V，$I_{1m} = 10$ A，$I_{2m} = 12$ A，$f = 50$ Hz。写出它们对应的相量式和瞬时值式。

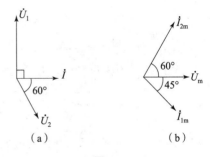

图 5.7

## 5.3 纯电阻电路

*本节知识*

**1. RLC 元件的特性（表 5.3）**

表 5.3

| 电路参数 | 电路图（参考方向） | 基本关系 | 阻抗 | 电压、电流关系 ||||  功率 ||
|---|---|---|---|---|---|---|---|---|---|
| | | | | 瞬时值 | 有效值 | 相量图 | 相量式 | 有功功率 | 无功功率 |
| $R$ | （i,+,u,-） | $u = iR$ | $R$ | 设 $i = \sqrt{2}I\sin\omega t$ 则 $u = \sqrt{2}U\sin\omega t$ | $U = IR$ | $\dot{I}\ \dot{U}$ $u$、$i$ 同相 | $\dot{U} = \dot{I}R$ | $UI$ $I^2R$ | 0 |

续表

| 电路参数 | 电路图（参考方向） | 基本关系 | 阻抗 | 电压、电流关系 | | | | 功率 | |
|---|---|---|---|---|---|---|---|---|---|
| | | | | 瞬时值 | 有效值 | 相量图 | 相量式 | 有功功率 | 无功功率 |
| $L$ | | $u = L\dfrac{di}{dt}$ | $jX_L$ | 设 $i = \sqrt{2}I\sin\omega t$ 则 $u = \sqrt{2}\,I\omega L\sin(\omega t + 90°)$ | $U = IX_L$ $X_L = \omega L$ | $u$ 领先 $i$ 90° | $\dot{U} = j\dot{I}X_L$ | 0 | $UI$ $I^2X_L$ |
| $C$ | | $i = C\dfrac{du}{dt}$ | $-jX_C$ | 设 $i = \sqrt{2}I\sin\omega t$ 则 $u = \sqrt{2}\,I\omega C\sin(\omega t - 90°)$ | $U = LX_C$ $X_C = 1/\omega C$ | $u$ 滞后 $i$ 90° | $\dot{U} = -j\dot{I}X_C$ | 0 | $-UI$ $-I^2X_C$ |

电阻与电压、电流的瞬时值之间的关系服从欧姆定律。设加在电阻 $R$ 上的正弦交流电压瞬时值为 $u = U_m\sin\omega t$，则通过该电阻的电流瞬时值为

$$i = \frac{u}{R} = \frac{U_m}{R}\sin\omega t = I_m\sin\omega t$$

式中，$I_m = \dfrac{U_m}{R}$ 是正弦交流电流的最大值。这说明，正弦交流电压和电流的最大值之间满足欧姆定律。由于纯电阻电路中正弦交流电压和电流的最大值之间满足欧姆定律，因此把等式两边同时除以 $\sqrt{2}$，即得到有效值关系

$$I = \frac{U}{R} \quad 或 \quad U = RI$$

电阻的两端电压 $u$ 与通过它的电流 $i$ 同相。

实验表明电压有效值与电流有效值服从欧姆定律，即

$$I = \frac{U_R}{R} \tag{5-6}$$

其电压、电流最大值也同样服从欧姆定律，即

$$I_m = \frac{U_{mR}}{R} \tag{5-7}$$

实验表明纯电阻电路中，电流与电压相位相同，相位差为零，即

$$\varphi = \varphi_u - \varphi_i = 0$$

小结：纯电阻电路中，电压与电流同相，电压瞬时值与电流瞬时值之间服从欧姆定律，即

$$i = \frac{u_R}{R} \tag{5-8}$$

**注意**：在交流电路中，上式是纯电阻电路所特有的公式，只有在纯电阻电路中，任一时刻的电压、电流瞬时值服从欧姆定律。

**总结**：在纯电阻电路中电流、电压的瞬时值、最大值、有效值之间均服从欧姆定律，且同相。我们可以用图 5.8 波形图、图 5.9 旋转矢量图来形象地表述这种关系。

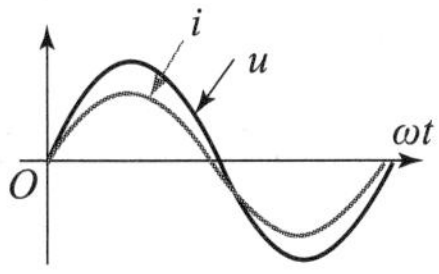

图 5.8 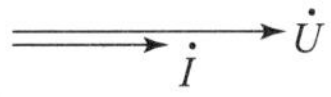                        图 5.9

**2. 纯电阻电路的功率**

1）瞬时功率

某一时刻的功率叫作瞬时功率，它等于电压瞬时值与电流瞬时值的乘积。

瞬时功率用小写字母 $p$ 表示

$$p = ui \qquad (5-9)$$

以电流为参考正弦量 $i = I_m \sin\omega t$，则电阻 $R$ 两端的电压为 $u_R = U_m \sin\omega t$，将 $i$、$u_R$ 代入式（5-9）中

$$\begin{aligned} p &= ui \\ &= U_m \sin\omega t \cdot I_m \sin\omega t \\ &= UI - UI\cos 2\omega t \end{aligned} \qquad (5-10)$$

**分析**：瞬时功率的大小随时间做周期性变化，变化的频率是电流或电压的 2 倍，它表示出任一时刻电路中能量转换的快慢速度。由式（5-10）可知，电流、电压同相，功率 $p \geqslant 0$，其中最大值为 $2UI$，最小值为零。其电气关系如图 5.10 所示。

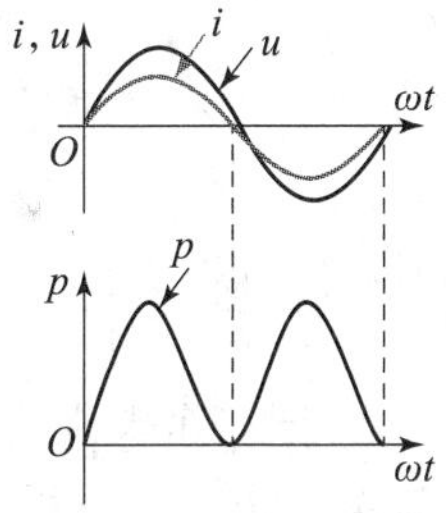

2）平均功率

瞬时功率在一个周期内的平均值称为平均功率，用大写字母 $P$ 表示。

$$P = UI \qquad (5-11)$$

图 5.10

根据欧姆定律，平均功率还可以表示为

$$P = UI = IR^2 = \frac{U^2}{R}$$

式中　$U$——$R$ 两端电压有效值，单位是伏[特]，符号为 V；

　　　$I$——流过电阻的电流有效值，单位是安[培]，符号为 A；

　　　$R$——用电器的电阻值，单位是欧[姆]，符号为 Ω；

　　　$P$——电阻消耗的平均功率，单位是瓦[特]，符号为 W。

**3. 小结**

（1）纯电阻交流电路中电流和电压同相。

（2）电压与电流的最大值、有效值和瞬时值之间，都服从欧姆定律。

（3）有功功率（平均功率）等于电流有效值与电阻两端电压的有效值之积。

### 例题讲解

**【例 5 – 5】** 在纯电阻电路中,已知电阻 $R = 44\ \Omega$,交流电压 $u = 311\sin(314t + 30°)$ V,求通过该电阻的电流大小,并写出电流的解析式。

**解:** 解析式为 $\sin(314t + 30°)$ A,大小(有效值)为

$$i = \frac{u}{R} = 7.07\ (A)$$

$$I = \frac{7.07}{\sqrt{2}} = 5\ (A)$$

### 知识精练

**一、填空题**

把 110 V 的交流电压加在 55 Ω 的电阻上,则电阻上 $U = $ _____ V,电流 $I = $ _____ A。

**二、计算题**

1. 电路如图 5.11 所示,电压 $u_1 = 310\sin(314t + 30°)$ V,$u_2 = 310\sin(314t + 60°)$ V,用相量法求每个电阻的电流和吸收的有功功率。

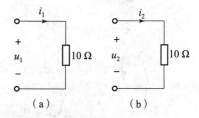

图 5.11

2. 把一个电阻为 20 Ω,电感为 48 mH 的线圈接到 $u = 110\sqrt{2}\sin(314t + 90°)$ V 的交流电源上,求:

(1) 线圈中电流的大小。
(2) 写出电流的解析式。
(3) 画出电流和端电压的相量图。

## 5.4 纯电感电路

**本节知识**

**1. 纯电感电路电压与电流数量、相位关系**

规律及分析：电压与电流有效值之间关系如下

$$U_L = X_L I \tag{5-12}$$

式中　$U_L$——电感线圈两端的电压有效值，单位是伏［特］，符号为 V；

　　　$I$——通过线圈的电流有效值，单位是安［培］，符号为 A；

　　　$X_L$——电感的电抗，简称感抗，单位是欧［姆］，符号为 Ω。

式（5-12）叫作纯电感电路的欧姆定律。感抗是新引入的物理量，它表示线圈对通过的交流电所呈现出来的阻碍作用。

将式（5-12）两端同时乘以 $\sqrt{2}$，可得

$$U_m = X_L I_m \tag{5-13}$$

这表明在纯电感电路中，电压、电流的最大值也服从欧姆定律。

感抗：理论和实验证明，感抗的大小与电源频率成正比，与线圈的电感成正比。感抗的公式为

$$X_L = 2\pi f L \tag{5-14}$$

式中　$f$——电压频率，单位是赫［兹］，符号为 Hz；

　　　$L$——线圈的电感，单位是亨［利］，符号为 H；

　　　$X_L$——线圈的感抗，单位是欧［姆］，符号为 Ω。

线圈的感抗 $X_L$ 和电阻 $R$ 的作用相似，但是它与电阻 $R$ 对电流的阻碍作用有本质区别。分析式（5-14）可知，感抗在直流电路中值为零，对电流没有阻碍作用；只有在电流频率大于零，即为交流电时，感抗才对电流有阻碍作用，且频率越高阻碍作用越大。这也反映了电感元件"通直流，阻交流；通低频，阻高频"的特性，其本质为电感元件在电流变化时所产生的自感电动势对交变电流的反抗作用。

在纯电感电路中，电压超前电流 $\dfrac{\pi}{2}$。

在纯电感电路中，电感两端的电压 $u_L$ 超前电流线圈两端的电压为

$$u_L = U_m \sin\left(\omega t + \dfrac{\pi}{2}\right)$$

根据电流、电压的解析式，作出电流和电压的波形图以及它们的旋转矢量图，分别如图 5.12、图 5.13 所示。

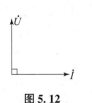

图 5.12

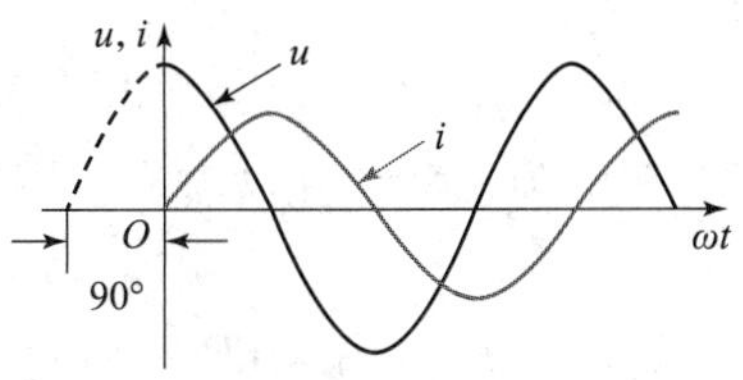

图 5.13

**2. 纯电感电路的功率**

1) 瞬时功率

纯电感电路中的瞬时功率等于电压瞬时值与电流瞬时值的乘积，即

$$p = ui = U_m \sin\left(\omega t + \frac{\pi}{2}\right) \cdot I_m \sin\omega t$$
$$= \sqrt{2}U\cos\omega t \times \sqrt{2}I\sin\omega t$$
$$= UI \times 2\sin\omega t\cos\omega t$$
$$= UI\sin 2\omega t$$

分析：纯电感电路的瞬时功率 $p$ 是随时间按正弦规律变化的，其频率为电源频率的 2 倍，振幅为 $UI$，其波形图如图 5.14 所示。

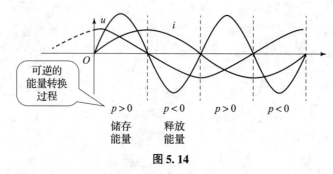

图 5.14

2) 平均功率

平均功率值可通过曲线与 $t$ 轴所包围的面积的和来求。

分析图 5.14 可知，表示功率的曲线与 $t$ 轴所围组成的面积，$t$ 轴以上部分与 $t$ 轴以下的部分相等，即 $p>0$ 与 $p<0$ 的部分相等，这两部分和为零。这说明纯电感电路中平均功率为零，即纯电感电路的有功功率为零。其物理意义是纯电感电路不消耗电能。

3) 无功功率

虽然纯电感电路不消耗能量，但是电感线圈 $L$ 和电源 $E$ 之间在不停地进行着能量交换。

**分析讲解**：如图 5.13 所示，在 $0\sim T/4$ 和 $T/2\sim 3T/4$ 这两个 1/4 周期中，由于电流的绝对值不断增加，因此电源克服线圈自感电动势做功，电感线圈磁场能不断增大。表现在波形图中，这两个 1/4 周期内 $u_L$ 和 $i$ 的方向相同，瞬时功率为正值，这表明电感线圈 $L$ 从电源吸取了能量，并把它转变为磁场能储存在线圈中。

在 $T/4\sim T/2$ 和 $3T/4\sim T$ 这两个 1/4 周期中，电流的绝对值不断减小，因此线圈自感电动势克服电源做功，电感线圈磁场能不断减小。表现在波形图中，这两个 1/4 周期内 $u_L$ 和 $i$ 的方向相反，瞬时功率 $p$ 为负值，这表明电感线圈 $L$ 将它的磁场能还给电源，即电感线圈 $L$ 释放出能量。

无功功率：为反映纯电感电路中能量的相互转换，把单位时间内能量转换的最大值（即瞬时功率的最大值）叫作无功功率，用符号 $Q_L$ 表示

$$Q_L = U_L I \tag{5-15}$$

式中　$U_L$——线圈两端的电压有效值，单位是伏［特］，符号为 V；

　　　$I$——通过线圈的电流有效值，单位是安［培］，符号为 A；

$Q_L$——感性无功功率,单位是乏,符号为 var。

强调部分:无功功率中"无功"的含义是"交换"而不是"消耗",它是相对于"有功"而言的,决不可把"无功"理解为"无用"。它实质上是表明电路中能量交换的最大速率。

### 3. 小结

(1) 在纯电感的交流电路中,电流和电压是同频率的正弦量。在直流电路中电感电压恒为零,相当于断路。

(2) 电压 $u_L$ 与电流的变化率 $\frac{\Delta i}{\Delta t}$ 成正比,电压超前电流 $\frac{\pi}{2}$。

(3) 电流、电压最大值和有效值之间都服从欧姆定律,而瞬时值不服从欧姆定律,要特别注意 $X_L \neq \frac{u_L}{i}$。

(4) 电感是储能元件,它不消耗电能,其有功功率为零,无功功率等于电压有效值与电流有效值之积。

**例题讲解**

【例 5-6】 已知一电感 $L = 80 \text{ mH}$,外加电压 $u_L = 50\sin(314t + 65°)$ V。试求:(1) 感抗 $X_L$;(2) 电感中的电流 $I_L$;(3) 电流瞬时值 $i_L$。

解:(1) 电路中的感抗为
$$X_L = \omega L = 314 \times 0.08 \approx 25 \text{ (}\Omega\text{)}$$

(2) $I_L = \dfrac{U_L}{X_L} = \dfrac{50}{25} = 2$ (A)。

(3) 电感电流 $i_L$ 比电压 $u_L$ 滞后 90°,则 $i_L = 2\sqrt{2}\sin(314t - 25°)$ A。

**知识精练**

一、选择题

1. 在正弦交流电路中,电感上的电压和电流的相位关系为(　　)。
   A. 电压超前电流 90°　　　　　　　　B. 电流超前电压 90°
   C. 电压与电流同相　　　　　　　　　D. 电压与电流反相

2. 在正弦交流电路中,电感上的电压和电流的大小关系为(　　)。
   A. 相等　　　B. $U_L = IX_L$　　　C. $I_L = U_L X_L$　　　D. $U_L = I/X_L$

二、填空题

1. 在纯电感交流电路中,电压与电流的相位关系是电压_____电流 90°,感抗 $X_L = $_____,单位是_____。

2. 在纯电感正弦交流电路中,若电源频率提高一倍而其他条件不变,则电路中的电流将变_____。

3. 在正弦交流电路中,已知流过纯电感元件的电流 $I = 5$ A,电压若取关联方向,则 $X_L = $_____ $\Omega$,$L = $_____ H。

### 三、计算题

电路如图 5.15 所示，已知 $L = 10$ mH，$u_1 = 100\sin(100t + 30°)$ V，$u_2 = 100\sin(1\,000t + 30°)$ V。求电流 $i_1$ 和 $i_2$ 并进行比较。

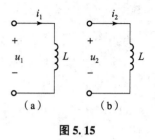

图 5.15

## 5.5 纯电容电路

*本节知识*

**1. 纯电容电路电压与电流数量、相位关系**

现象：分析实验现象可知，电压与电流的有效值成正比，且其比值随电源频率变化，电源频率越高，电压/电流比值越小。

规律及分析：电压与电流有效值之间关系如下

$$U_C = X_C I \tag{5-16}$$

式中  $U_C$——电容器两端电压的有效值，单位是伏［特］，符号为 V；

$I$——电路中电流有效值，单位是安［培］，符号为 A；

$X_C$——电容的电抗，简称容抗，单位是欧［姆］，符号为 Ω。

式（5-16）叫作纯电容电路的欧姆定律。容抗是新引入的物理量，它表示电容元件对电路中的交流电所呈现出来的阻碍作用。

将式（5-16）两端同时乘以 $\sqrt{2}$，可得

$$U_m = X_C I_m \tag{5-17}$$

这表明在纯电容电路中，电压、电流的最大值也服从欧姆定律。

容抗：理论和实验证明，容抗的大小与电源频率成反比，与电容器的电容成反比。容抗的公式为

$$X_C = \frac{1}{2\pi f C} \tag{5-18}$$

式中  $f$——电压频率，单位是赫［兹］，符号为 Hz；

$C$——电容器的电容，单位是法［拉］，符号为 F；

$X_C$——电容器的容抗，单位是欧［姆］，符号为 Ω。

提示：

当频率一定时，在同样大小的电压作用下，电容越大的电容器所存储的电荷量就越多，电路中的电流也就越大，电容器对电流的阻碍作用也就越小；当外加电压和电容一定

时，电源频率越高，电容器充、放电的速度越快，电荷移动速率也越高，则电路中电流也就越大，电容器对电流的阻碍作用也就越小。特别注意，对于直流电（$f=0$），容抗趋于无穷大可将电容元件视为断路。

用一句话总结电容元件的特性："通交流，阻直流；通高频，阻低频"。

结论：在纯电容电路中，电容器间两端的电压 $u_C$ 滞后电流 $\dfrac{\pi}{2}$ 线圈两端的电压为

$$u_C = U_m \sin\omega t$$

则电路中的电流为

$$i = I_m \sin\left(\omega t + \dfrac{\pi}{2}\right)$$

根据电流、电压的解析式，作出电流和电压的波形图以及它们的旋转矢量图，分别如图 5.16、图 5.17 所示。

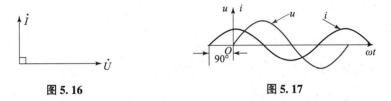

图 5.16　　　　　　　　图 5.17

**2. 纯电容电路的功率**

1）瞬时功率

纯电容电路中的瞬时功率等于电压瞬时值与电流瞬时值的乘积，即

$$p = ui = U_m\sin\omega t \cdot I_m\sin\left(\omega t + \dfrac{\pi}{2}\right)$$
$$= \sqrt{2}U\sin\omega t \times \sqrt{2}I\cos\omega t$$
$$= UI \times 2\sin\omega t\cos\omega t$$
$$= UI\sin 2\omega t$$

分析：纯电容电路的瞬时功率 $p$ 是随时间按正弦规律变化的，其频率为电源频率的 2 倍。振幅为 $UI$，其波形图如图 5.18 所示。与纯电感电路相似，从图 5.18 中可以看出，纯电容电路的有功功率为零，这说明纯电容电路也不消耗电能。

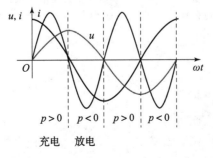

图 5.18

2）无功功率

与纯电感电路相似，虽然纯电容电路不消耗能量，但是电容元件 C 和电源之间在不停地进行着能量交换。

无功功率：把单位时间内能量转换的最大值（即瞬时功率的最大值）叫作无功功率，用符号 $Q_C$ 表示

$$Q_C = U_C I \qquad (5-19)$$

式中　$U_C$——电容器两端的电压有效值，单位是伏［特］，符号为 V；

　　　$I$——通过电容器的电流有效值，单位是安［培］，符号为 A；

　　　$Q_C$——感性无功功率，单位是乏，符号为 var。

强调：此部分内容在前节"纯电感电路"中曾经讲过，再次强调，加深记忆。

无功功率中"无功"的含义是"交换"而不是"消耗"，它是相对于"有功"而言的，决不可把"无功"理解为"无用"。它实质上是表明电路中能量交换的最大速率。

### 3. 小结

（1）在纯电容电路中，电流和电压是同频率的正弦量。

（2）电流 $i$ 与电压的变化率 $\dfrac{\Delta u_C}{\Delta t}$ 成正比，电流超前电压 $\dfrac{\pi}{2}$。

（3）电流、电压最大值和有效值之间都服从欧姆定律。电压与电流瞬时值因相位相差不服从欧姆定律，要特别注意 $X_C \neq \dfrac{u_C}{i}$。

（4）电容是储能元件，它不消耗电能，电路的有功功率为零。无功功率等于电压有效值与电流有效值之积。

### 例题讲解

【例 5-7】　已知一电容 $C = 127\ \mu F$，外加正弦交流电压 $u_C = 20\sqrt{2}\sin(314t + 20°)$ V 试求：（1）容抗 $X_C$；（2）电流大小 $I_C$；（3）电流瞬时值。

解：（1）$X_C = \dfrac{1}{\omega C} = 25\ \Omega$。

（2）$I_C = \dfrac{U}{X_C} = \dfrac{20}{25} = 0.8$ A。

（3）电容电流比电压超前 90°，则 $i_C = 0.8\sqrt{2}\sin(314t + 110°)$ A。

### 知识精练

一、选择题

1. 电容的容抗（　　）。
   A. 与频率和电容量成正比　　　　　　　　B. 与频率和电容量成反比
   C. 与频率成正比，与电容量成反比　　　　D. 与频率成反比，与电容量成正比

2. 在正弦交流电路中，电容上的电流与电压按（　　）。
   A. 2 倍的频率变化且电流超前电压 90°
   B. 相同的频率变化且电流超前电压 90°

C. 不同的频率变化且电流落后电压 90°
D. 相同的频率变化且电流落后电压 90°

## 二、计算题

电路如图 5.19 所示，已知 $C = 10~\mu\text{F}$，$u_1 = 100\sin(100t + 30°)$ V，$u_2 = 100\sin(1\,000t + 30°)$ V。求电流 $i_1$ 和 $i_2$ 并进行比较。

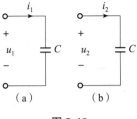

图 5.19

小结如表 5.4 所示。

表 5.4

| 电路图 | 旋转矢量图 | 功率 |
| --- | --- | --- |
| （R 电路，电流 $i$，电压 $u$） | $\dot{I} \longrightarrow \dot{U}$    $\dot{U} = \dot{I}R$ | $P = UI = I^2R = U^2/R$ （W、kW） $Q = 0$ |
| （L 电路，电流 $i$，电压 $u$） | $\dot{U}_L = X_L \dot{I}$    ($X_L = 2\pi fL$) | $Q_L = UI = I^2X_L = U^2/X_L$ （var、kvar） $P = 0$ |
| （C 电路，电流 $i$，电压 $u$） | $\dot{U}_C = X_C \dot{I}$    $X_C = \dfrac{1}{2\pi fC}$ | $Q_C = UI = I^2X_C = U^2/X_C$ （var、kvar） $P = 0$ |

## 5.6 RL 串联电路

**本节知识**

分析 RL 串联电路应把握的基本原则：

（1）串联电路中电流处处相等，选择正弦电流为参考正弦量。

（2）电感元件两端电压 $u_L$ 相位超前其电流 $i_L$ $\dfrac{\pi}{2}$。

**1. RL 串联电路电压间的关系**

以电流为参考正弦量，令

$$i = I_m \sin\omega t$$

则电阻两端电压为

$$u_R = U_{Rm}\sin\omega t$$

电感线圈两端的电压为

$$u_L = U_{Lm}\sin\left(\omega t + \frac{\pi}{2}\right)$$

电路的总电压 $u$ 为

$$u = u_R + u_L$$

作出电压的旋转矢量图，如图 5.20 所示。$U$、$U_R$ 和 $U_L$ 构成直角三角形，可以得到电压间的数量关系为

$$U = \sqrt{U_R^2 + U_L^2} \tag{5-20}$$

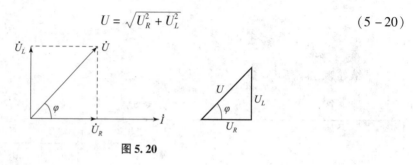

图 5.20

以上分析表明：总电压的相位超前电流

$$\varphi = \arctan\frac{U_L}{U_R} \tag{5-21}$$

从电压三角形中还可以得到总电压和各部分电压之间的关系

$$\begin{cases} U_L = U\sin\varphi \\ I = \dfrac{U}{\sqrt{R^2 + X_L^2}} = \dfrac{U}{|Z|} \end{cases} \tag{5-22}$$

**2. RL 串联电路的阻抗**

$$\begin{cases} U_R = U\cos\varphi \\ U_L = U\sin\varphi \end{cases}$$

式中　$U$——电路总电压的有效值，单位是伏［特］，符号为 V；

　　　$I$——电路中电流的有效值，单位是安［培］，符号为 A；

　　　$|Z|$——电路的阻抗，单位是欧［姆］，符号为 Ω。

其中

$$|Z| = \sqrt{R^2 + X_L^2} \tag{5-23}$$

$|Z|$ 叫作阻抗，它表示电阻和电感串联电路对交流电呈现阻碍作用。阻抗的大小决定于电路参数（$R$、$L$）和电源频率。

阻抗三角形与电压三角形是相似三角形，阻抗三角形中的 $|Z|$ 与 $R$ 的夹角等于电压三角形中电压与电流的夹角 $\varphi$，$\varphi$ 叫作阻抗角，也就是电压与电流的相位差，如图 5.21 所示。

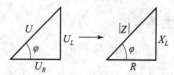

图 5.21

$$\varphi = \arctan\frac{X_L}{R} \qquad (5-24)$$

$\varphi$ 的大小只与电路参数 $R$、$L$ 和电源频率有关,与电压大小无关。

**3. $RL$ 串联电路的功率**

将电压三角形三边(分别代表 $U_R$、$U_L$、$U$)同时乘以 $I$,就可以得到由有功功率、无功功率和视在功率(总电压有效值与电流的乘积)组成的三角形,如图 5.22 所示。

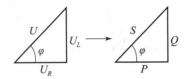

图 5.22 功率三角形

1) 有功功率

$RL$ 串联电路中只有电阻 $R$ 消耗功率,即有功功率,其公式为

$$P = UI\cos\varphi \qquad (5-25)$$

上式说明 $RL$ 串联电路中,有功功率的大小不仅取决于电压 $U$、电流 $I$ 的乘积,还取决于阻抗角的余弦 $\cos\varphi$ 的大小。当电源供给同样大小的电压和电流时,$\cos\varphi$ 大,有功功率大;$\cos\varphi$ 小,有功功率小。

2) 无功功率

电路中的电感不消耗能量,它与电源之间不停地进行能量交换,感性无功功率为

$$Q_L = UI\sin\varphi \qquad (5-26)$$

3) 视在功率

视在功率表示电源提供总功率(包括 $P$ 和 $Q_L$)的能力,即交流电源的容量。视在功率用 $S$ 表示,它等于总电压和电流 $I$ 的乘积,即

$$S = UI \qquad (5-27)$$

视在功率 $S$ 单位为伏安,符号是 V·A。

从功率三角形还可得到有功功率 $P$、无功功率 $Q_L$ 和视在功率 $S$ 间的关系,即

$$S = \sqrt{P^2 + Q_L^2} \qquad (5-28)$$

阻抗角 $\varphi$ 的大小为

$$\varphi = \arctan\frac{Q_L}{P} \qquad (5-29)$$

4) 功率因数

为了反映电源功率利用率引入功率因数的概念,即把有功功率和视在功率的比值叫作功率因数,用 $\lambda$ 表示

$$\lambda = \cos\varphi = \frac{P}{S} \qquad (5-30)$$

上式表明,当视在功率一定时,在功率因数越大的电路中,用电设备的有功功率越大,电源输出功率的利用率就越高。

### 4. 小结

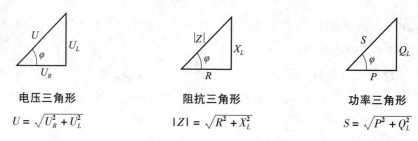

电压三角形　　　　　阻抗三角形　　　　　功率三角形

$$U = \sqrt{U_R^2 + U_L^2} \qquad |Z| = \sqrt{R^2 + X_L^2} \qquad S = \sqrt{P^2 + Q_L^2}$$

$\varphi$ 为阻抗角，其大小为：$\varphi = \arctan\dfrac{U_L}{U_R} = \arctan\dfrac{X_L}{R} = \arctan\dfrac{Q_L}{P}$。只要将 RLC 串联电路中的电容 C 短路去掉，即令 $X_C = 0$，$U_C = 0$，则有关 RLC 串联电路的公式完全适用于 RL 串联电路。

### 例题讲解

【例 5-8】 在 RL 串联电路中，已知电阻 $R = 40\ \Omega$，电感 $L = 95.5\ \text{mH}$，外加频率为 $f = 50\ \text{Hz}$、$U = 200\ \text{V}$ 的交流电压源，试求：(1) 电路中的电流 $I$；(2) 各元件电压 $U_R$、$U_L$；(3) 总电压与电流的相位差 $\varphi$。

解：(1) $X_L = 2\pi f L \approx 30\ \Omega$，则

$$|Z| = \sqrt{R^2 + X_L^2} = 50\ \Omega$$

$$I = \dfrac{U}{|Z|} = 4\ \text{A}$$

(2) $U_R = RI = 160\ V$，$U_L = X_L I = 120\ V$，显然 $U = \sqrt{U_R^2 + U_L^2}$。

(3) $\varphi = \arctan\dfrac{X_L}{R} = \arctan\dfrac{30}{40} = 36.9°$ 即总电压 $u$ 比电流 $i$ 超前 36.9°，电路呈感性。

### 知识精练

#### 一、选择题

1. RL 串联电路中，下列说法正确的是（　　）。
   A. R 和 L 越大，电流变化越快　　　　B. R 和 L 越大，电流变化越慢
   C. R 越大，L 越小，电流变化越快　　D. R 越大，L 越小，电流变化越慢

2. 在 RL 串联电路中，电路中的（　　）。
   A. 电流 $i_L$ 不能突变　　　　　　　　B. 电压 $u_L$ 不能突变
   C. $u_L$ 和 $i_L$ 都不能突变　　　　　D. $u_L$ 和 $i_L$ 都能突变

3. 在 RL 串联电路中，若电阻上的电压为 6 V，电感上的电压为 8 V，则总电压为（　　）。
   A. 14 V　　　　　　　　　　　　　　B. 2 V
   C. 6 V　　　　　　　　　　　　　　 D. 10 V

4. 在 RL 串联电路中，总电压与电流的相位关系是（　　）。
   A. 电压超前于电流　　　　　　　　　B. 电压滞后于电流

C. 电压与电流同相位　　　　　　　D. 电压与电流反相位

**二、计算题**

1. 一个感性负载等效为 RL 串联电路，测量得到 $U_R = 122$ V，$U_L = 184$ V，电流 $I = 320$ mA，已知电源频率 $f = 50$ Hz。

（1）计算它的功率因数。

（2）要使它的功率因数提高到 0.9，需要并联多大的电容？电容器的耐压应该多少伏？

（3）功率因数提高到 0.9 后电流 $I$ 为多少？

2. 有一个电感线圈当给它通入 10 V 直流电时，测得电流是 2 A。当给它通入 10 V 工频交流电时测得电流是 1.41 A，求它的电感 $L$。

## 5.7　RC 串联电路

**本节知识**

分析 RC 串联电路（图 5.23）应把握的基本原则：

（1）串联电路中电流处处相等，选择正弦电流为参考正弦量。

（2）电容元件两端电压 $u_C$ 相位滞后其电流 $i_C$ $\dfrac{\pi}{2}$。

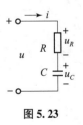

图 5.23

**1. RC 串联电路电压间的关系**

以电流为参考正弦量，令

$$i = I_m \sin\omega t$$

则电阻两端电压为

$$u_R = U_{Rm} \sin\omega t$$

电容器两端的电压为

$$u_C = U_{Cm}\sin\left(\omega t - \frac{\pi}{2}\right)$$

电路的总电压 $u$ 为

$$u = u_C + u_R$$

作出电压的旋转矢量图，如图 5.24 所示。$U$、$U_R$ 和 $U_C$ 构成直角三角形，可以得到电压间的数量关系为

$$U = \sqrt{U_C^2 + U_R^2} \tag{5-31}$$

以上分析表明：总电压 $u$ 滞后于电流 $i$.

$$\varphi = \arctan\frac{U_C}{U_R} \tag{5-32}$$

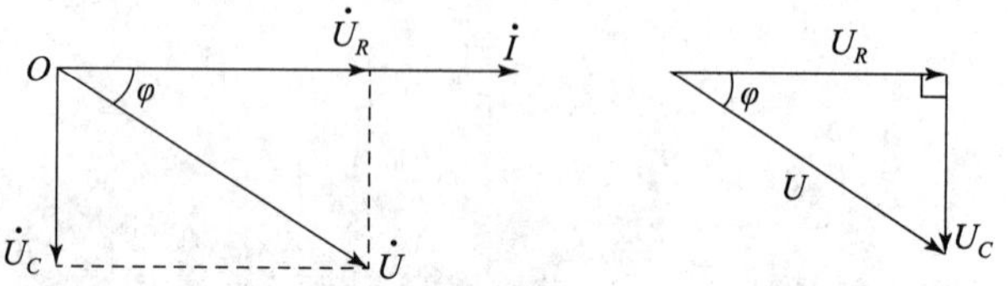

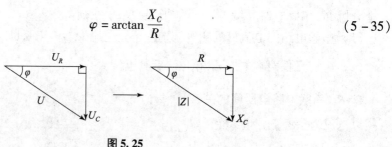

图 5.24

**2. RC 串联电路的阻抗**

$$I = \frac{U}{\sqrt{R^2 + X_C^2}} = \frac{U}{|Z|} \tag{5-33}$$

式中　$U$——电路总电压的有效值，单位是伏［特］，符号为 V；
　　　$I$——电路中电流的有效值，单位是安［培］，符号为 A；
　　　$|Z|$——电路的阻抗，单位是欧［姆］，符号为 Ω。

其中

$$|Z| = \sqrt{R^2 + X_C^2} \tag{5-34}$$

$|Z|$ 是电阻、电容串联电路的阻抗，它表示电阻和电容串联电路对交流电呈现阻碍作用。阻抗的大小决定于电路参数（$R$、$C$）和电源频率。

阻抗三角形与电压三角形是相似三角形，如图 5.25 所示，阻抗角 $\varphi$ 也就是电压与电流的相位差的大小，即

$$\varphi = \arctan\frac{X_C}{R} \tag{5-35}$$

图 5.25

$\varphi$ 的大小只与电路参数 $R$、$C$ 和电源频率有关，与电压、电流大小无关。

**3. RC 串联电路的功率**

将电压三角形三边同时乘以 $I$ 就可以得到功率三角形，如图 5.26 所示。

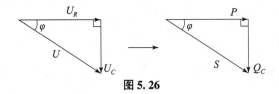

图 5.26

在电阻和电容串联的电路中,既有耗能元件电阻又有储能元件电容。因此,电源所提供的功率一部分为有功功率,一部分为无功功率。视在功率 $S$ 与有功功率 $P$、无功功率 $Q_C$ 的关系遵从下式

$$\begin{cases} Q_C = S\sin\varphi \\ S = \sqrt{P^2 + Q_C^2} \end{cases} \quad (5-36)$$

电压与电流间的相位差 $\varphi$ 是 $S$ 和 $P$ 之间的夹角,即

$$\varphi = \arctan\frac{Q_C}{P} \quad (5-37)$$

**4. 小结**

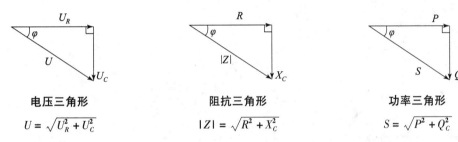

电压三角形     阻抗三角形     功率三角形

$U = \sqrt{U_R^2 + U_C^2}$   $|Z| = \sqrt{R^2 + X_C^2}$   $S = \sqrt{P^2 + Q_C^2}$

$\varphi$ 为阻抗角,其大小为 $\varphi = \arctan\dfrac{U_C}{U_R} = \arctan\dfrac{X_C}{R} = \arctan\dfrac{Q_C}{P}$。

**注意**:只要将 RLC 串联电路中的电感 $L$ 短路去掉,即令 $X_L = 0$,$U_L = 0$,则有关 RLC 串联电路的公式完全适用于 RC 串联电路。

**例题讲解**

【**例 5-9**】 在 RC 串联电路中,已知电阻 $R = 60\ \Omega$,电容 $C = 20\ \mu F$,外加电压为 $u = 141.2\sin 628t$ V。试求:(1) 电路中的电流 $I$;(2) 各元件电压 $U_R$、$U_C$;(3) 总电压与电流的相位差 $\varphi$。

**解**:(1) 由

$$X_C = \frac{1}{\omega C} = 80\ \Omega$$

$$|Z| = \sqrt{R^2 + X_C^2} = 100\ \Omega,\ U = \frac{141.2}{\sqrt{2}} = 100\ V$$

则电流为

$$I = \frac{U}{|Z|} = 1\ A$$

(2) $U_R = RI = 60$ V,$U_C = X_C I = 80$ V,显然 $U = \sqrt{U_R^2 + U_C^2}$。

(3) $\varphi = \arctan\left(-\dfrac{X_C}{R}\right) = \arctan\left(-\dfrac{80}{60}\right) = -53.1°$

即总电压比电流滞后 53.1°,电路呈容性。

## 知识精练

### 一、选择题

1. 在 RC 串联电路中，总电压为 10 V，电阻上的电压为 6 V，则电容上的电压为（　　）V。
   A. 4　　　　　　　　　　　　　　B. 16
   C. 8　　　　　　　　　　　　　　D. 10

2. 在 RC 串联电路中，总电压与电流的相位关系是（　　）。
   A. 电压超前于电流　　　　　　　B. 电压滞后于电流
   C. 电压与电流同相位　　　　　　D. 电压与电流反相位

### 二、填空题

1. 在纯电容正弦交流电路中，已知 $I$ = 5 A，电压 $U$ = 5 V，容抗 $X_C$ = _____，电容量 $C$ = _____。

2. 在纯电容正弦交流电路中，增大电源频率时，其他条件不变，电容中电流 $I$ 将_____。

# 5.8　RLC 串联电路

## 本节知识

电阻、电感和电容的串联电路包含了三种不同的参数，是在实际工作中经常遇到的典型电路。

分析 RLC 串联电路（图 5.27）应把握的基本原则：

（1）串联电路中电流处处相等，选择正弦电流为参考正弦量。

（2）电容元件两端电压 $u_C$ 相位滞后其电流 $i_C$ $\dfrac{\pi}{2}$。

（3）电感元件两端电压 $u_L$ 相位超前其电流 $i_L$ $\dfrac{\pi}{2}$。

与 RL、RC 串联电路的讨论方法相同，设通过 RLC 串联谐振电路的电流为

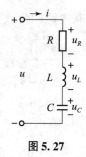

图 5.27

$$i = I_m \sin\omega t$$

则电阻两端电压为

$$u_R = U_{Rm} \sin\omega t$$

电容器两端的电压为

$$u_C = U_{Cm} \sin\left(\omega t - \frac{\pi}{2}\right)$$

电感线圈两端的电压为

$$u_L = U_{Lm} \sin\left(\omega t + \frac{\pi}{2}\right)$$

电路的总电压 $u$ 为

$$u = u_R + u_L + u_C$$

**1. RLC 串联电路电压间的关系**

作出与 $i$、$u_R$、$u_L$ 和 $u_C$ 相对应的旋转矢量图,如图 5.28 所示。应用平行四边形法则求解总电压的旋转矢量 $U$。

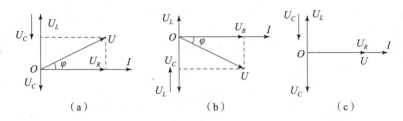

**图 5.28**

(a) $U_L > U_C$;(b) $U_L < U_C$;(c) $U_L = U_C$

如图 5.28 所示,可以看出总电压与分电压之间的关系为

$$U = \sqrt{U_R^2 + (U_L - U_C)^2} \tag{5-38}$$

总电压与电流间的相位差为

$$\varphi = \arctan \frac{U_L - U_C}{U_R} \tag{5-39}$$

**2. RLC 串联电路的阻抗**

由式(5-39)得

$$I = \frac{U}{\sqrt{R^2 + (X_L - X_C)^2}} = \frac{U}{\sqrt{R^2 + X^2}} = \frac{U}{|Z|} \tag{5-40}$$

其中,$X = X_L - X_C$,叫作电抗,它是电感和电容共同作用的结果。电抗的单位是欧[姆]。

RLC 串联电路中,电抗、电阻、感抗和容抗间的关系为

$$|Z| = \sqrt{R^2 + (X_L - X_C)^2} = \sqrt{R^2 + X^2} \tag{5-41}$$

显然,阻抗 $|Z|$、电阻 $R$ 和电抗 $X$ 组成一个直角三角形,叫作阻抗三角形,如图 5.29 所示。阻抗角为

$$\varphi = \arctan \frac{X_L - X_C}{R} = \arctan \frac{X}{R} \tag{5-42}$$

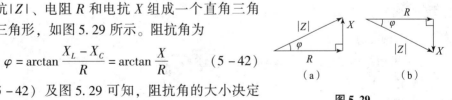

**图 5.29**

(a) $X_L > X_C$;(b) $X_L < X_C$

分析式(5-42)及图 5.29 可知,阻抗角的大小决定于电路参数 $R$、$L$ 和 $C$,以及电源频率 $f$,电抗 $X$ 的值决定电路的性质。下面分三种情况讨论:

当 $X_L > X_C$ 时,$X > 0$,$\varphi = \arctan \dfrac{X}{R} > 0$,即总电压 $u$ 超前电流 $i$,电路呈感性;

当 $X_L < X_C$ 时,$X < 0$,$\varphi = \arctan \dfrac{X}{R} < 0$,即总电压 $u$ 滞后电流 $i$,电路呈容性;

当 $X_L = X_C$ 时,$X = 0$,$\varphi = \arctan \dfrac{X}{R} = 0$,即总电压 $u$ 与电流 $i$ 同相,电路呈电阻,电路

的这种状态称作谐振。

### 3. RLC 串联电路的功率

RLC 串联电路中，存在着有功功率 $P$、无功功率 $Q_C$ 和 $Q_L$，它们分别为

$$P = U_R I = RI^2 = UI\cos\varphi$$

$$Q = (U_L - U_C)I = (X_L - X_C)I^2 = UI\sin\varphi$$

$$Q = (U_L - U_C)I = U_L I - U_C I = Q_L - Q_C$$

$$S = UI \quad (5-43)$$

视在功率 $S$、有功功率 $P$ 和无功功率 $Q$ 组成直角三角形——功率三角形，如图 5.30 所示。

$$\left.\begin{array}{l} S = \sqrt{P^2 + Q^2} \\ \varphi = \arctan\dfrac{Q}{P} \end{array}\right\} \quad (5-44)$$

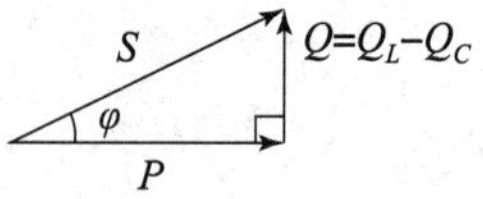

图 5.30

**【例 5-10】** 在 RLC 串联电路中，交流电源电压 $U = 220$ V，频率 $f = 50$ Hz，$R = 30\ \Omega$，$L = 445$ mH，$C = 32\ \mu$F。试求：(1) 电路中的电流大小 $I$；(2) 总电压与电流的相位差 $\varphi$；(3) 各元件上的电压 $U_R$、$U_L$、$U_C$。

**解：**

(1) $X_L = 2\pi fL \approx 140\ \Omega$，$X_C = \dfrac{1}{2\pi fC} \approx 100\ \Omega$，

则

$$|Z| = \sqrt{R^2 + (X_L - X_C)^2} = 50\ \Omega$$

$$I = \dfrac{U}{|Z|} = 4.4\ \text{A}$$

(2) $\varphi = \arctan\dfrac{X_L - X_C}{R} = \arctan\dfrac{40}{30} = 53.1°$，即总电压比电流超前 53.1°，电路呈感性。

(3) $U_R = RI = 132$ V，$U_L = X_L I = 616$ V，$U_C = X_C I = 440$ V。

### 一、选择题

1. 在 RLC 串联电路中，$R = 4\ \Omega$，$X_C = 8\ \Omega$，$X_L = 5\ \Omega$，则电路中的总阻抗 $Z$ 是（　　）。
   A. 25 Ω　　　　　　　　　　　　B. 17 Ω
   C. 5 Ω　　　　　　　　　　　　　D. 7 Ω

2. 在 RLC 串联电路中，电感电压 $U_L$ 与电容电压 $U_C$ 的相位关系为（　　）。
   A. 同相　　　　　　　　　　　　B. 反相
   C. 电感电压超前 90°　　　　　　D. 电感电压滞后 90°

3. 一个 RCL 串联电路，$R = 400\ \Omega$，$X_C = 800\ \Omega$，$X_L = 500\ \Omega$，总阻抗 $Z$ 为（　　）。
   A. 500 Ω　　　　　　　　　　　　B. 400 Ω
   C. 900 Ω　　　　　　　　　　　　D. 1 700 Ω

4. 在 $RLC$ 串联电路中,已知 $R=30\ \Omega$,$X_L=40\ \Omega$,$X_C=80\ \Omega$,则(　　)。

   A. 电压超前于电流　　　　　　　　B. 电压滞后于电流
   C. 电压与电流同相位　　　　　　　D. 电压与电流反相位

5. 在容性的 $RLC$ 串联交流电路中(　　)。

   A. $X<0$,$X_L>X_C$,$-90°<\varphi<0$　　B. $X<0$,$X_C>X_L$,$-90°<\varphi<0$
   C. $X>0$,$X_L>X_C$,$90°>\varphi>0$　　D. $X>0$,$X_C>X_L$,$90°>\varphi>0$

6. 在 $RLC$ 串联电路中,已知电源电压 $U=50$ V,$U_L=40$ V,$U_C=80$ V,则电阻上的电压 $U_R$ 为(　　)。

   A. $U_R=-70$ V　　　　　　　　　B. $U_R=30$ V
   C. $U_R=40$ V　　　　　　　　　　D. $U_R=50$ V

7. 某 $RLC$ 串联电路的有功功率为 30 W,无功功率为 40 var,则电源的视在功率为(　　)。

   A. 70 W　　　　　　　　　　　　　B. 70 V·A
   C. 50 W　　　　　　　　　　　　　D. 50 V·A

8. 在 $RLC$ 串联电路中,已知 $R=30\ \Omega$,$X_L=40\ \Omega$,$X_C=80\ \Omega$,则电路的总阻抗为(　　)。

   A. $Z=150\ \Omega$　　　　　　　　　B. $Z=-10\ \Omega$
   C. $Z=50\ \Omega$　　　　　　　　　　D. $Z=70\ \Omega$

9. 某 $RLC$ 串联电路中,已知 $U_R=30$ V,$U_L=80$ V,$U_C=40$ V,总电流 $I=4$ A,则电路的视在功率 $S$ 为(　　)。

   A. 600 V·A　　　　　　　　　　　B. 160 V·A
   C. 120 V·A　　　　　　　　　　　D. 200 V·A

10. 某 $RLC$ 串联电路中,已知 $U_R=30$ V,$U_L=80$ V,$U_C=40$ V,总电流 $I=4$ A,则电路的无功功率 $Q$ 为(　　)。

    A. 600 var　　B. 160 var　　C. 120 var　　D. 200 var

11. 某 $RLC$ 串联电路中,已知 $U_R=30$ V,$U_L=40$ V,$U_C=80$ V,总电流 $I=4$ A,则电路的有功功率 $P$ 为(　　)。

    A. 600 W　　B. 200 W　　C. 120 W　　D. 280 W

12. 在含有感性负载的串联电路中,交流电源为 220 V,电流为 50 A,功率因数为 0.9,电路的有功功率是(　　)。

    A. 11 000 W　　　　　　　　　　　B. 9 900 W
    C. 12 220 W　　　　　　　　　　　D. 990 W

13. 电路中的电压为 2 V,电路中的电流为 2 A,则电路吸收的有功功率为(　　)。

    A. 12 W　　B. 20 W　　C. 4 W　　D. 36 W

14. (2019 年高考题)在 $RLC$ 串联电路中,端电压与电流的矢量关系如图 5.31 所示,则电路的性质为(　　)。

    A. 纯电感电路　　　　　　　　　　B. 电感性电路
    C. 电容性电路　　　　　　　　　　D. 电阻性电路

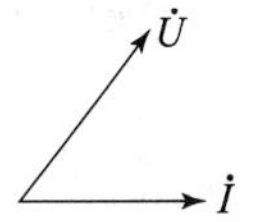

图 5.31

## 二、计算题

1. $RLC$ 串联交流电路中，已知电阻为 8 Ω，感抗为 10 Ω，容抗为 4 Ω，电路端电压为 200 V，求：

（1）电路的总阻抗。

（2）电路总电流 $I$ 和各元件两端的电压。

2. （2019 年高考题）$RLC$ 串联电路中，已知电源电压为 1 mV，$R = 10$ Ω，当电路电流达到最大值时，电感的阻抗为 1 kΩ，此时电容两端电压为多少？

# *5.9 串联谐振电路

**本节知识**

在分析正弦交流电路中，应牢牢把握的基本原则是：

（1）串联电路中电流处处相等，选择正弦电流为参考正弦量。

（2）电容元件两端电压 $u_C$ 相位滞后其电流 $i_C$ $\frac{\pi}{2}$。

（3）电感元件两端电压 $u_L$ 相位超前其电流 $i_L$ $\frac{\pi}{2}$。

**1. $RLC$ 串联电路谐振条件和谐振频率**

1）谐振条件

电阻、电感、电容串联电路发生谐振的条件是电路的电抗为零，即

$$X = X_L - X_C = 0$$

则电路的阻抗角为

$$\varphi = \arctan \frac{X}{R} = 0$$

$\varphi = 0$ 说明电压与电流同相。我们把 RLC 串联电路中出现的阻抗角 $\varphi = 0$，电流和电压同相的情况，称作串联谐振，如图 5.32 所示。

2）谐振频率

RLC 串联电路发生谐振时，必须满足条件

$$X = X_L - X_C = \omega L - \frac{1}{\omega C} = 0$$

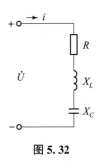

图 5.32

分析上式，要满足谐振条件，一种方法是改变电路中的参数 L 或 C，另一种方法是改变电源频率。对于电感、电容为定值的电路，要产生谐振，电源角频率必须满足下式

$$\omega = \omega_0 = \frac{1}{\sqrt{LC}} \quad (5-44)$$

谐振时的电压频率为

$$f = f_0 = \frac{1}{2\pi\sqrt{LC}} \quad (5-45)$$

谐振频率 $f_0$ 仅由电路参数 L 和 C 决定，与电阻 R 的大小无关，它反映了电路本身的固有特性，$f_0$ 叫作电路的固有频率。

**2. 串联谐振的特点**

（1）谐振时，总阻抗最小，总电流最大。

其计算公式如下：

$$|Z| = \sqrt{R^2 + X^2} = R \quad I = I_0 = \frac{U}{R}$$

（2）特性阻抗。

谐振电路，电抗为零，但感抗和容抗都不为零，此时电路的感抗或容抗都叫作谐振电路的特性阻抗，用字母 $\rho$ 表示，单位是欧[姆]，其大小由 L、C 决定。

$$\rho = \omega_0 L = \frac{1}{\omega_0 C} = \frac{1}{\sqrt{LC}} = \sqrt{\frac{L}{C}} \quad (5-46)$$

（3）品质因数。

在电子技术中，经常用谐振电路的特性阻抗与电路中的电阻的比值来说明电路的性能，这个比值叫作电路的品质因数，用字母 Q 来表示，其值大小由 R、L、C 决定。

$$Q = \frac{\rho}{R} = \frac{\omega_0 L}{R} = \frac{1}{\omega_0 CR} = \frac{1}{R}\sqrt{\frac{L}{C}} \quad (5-47)$$

（4）电感 L 和电容 C 上的电压。

串联谐振时，电感 L 和电容 C 上电压大小相等，即

$$U_L = U_C = X_L I_0 = X_C I_0 = QU_S$$

式中，Q 为串联谐振电路的品质因数，即

$$Q = \frac{\rho}{R} = \frac{\omega_0 L}{R} = \frac{1}{\omega_0 CR}$$

RLC 串联电路发生谐振时，电感 L 与电容 C 上的电压大小都是外加电源电压的 Q 倍，所以串联谐振电路又叫作电压谐振。一般情况下串联谐振电路都符合 $Q \gg 1$ 的条件。在工

程实际中,要注意避免发生串联谐振引起的高电压对电路的破坏。

**3. 串联谐振电路的选择性和通频带**

1) 串联谐振电路的选择性

电路的品质因数 $Q$ 值的大小是标志谐振回路质量优劣的重要指标,它对谐振曲线(电流对频率变化的曲线)有很大的影响。

$Q$ 值越高,曲线越尖锐,电路的选择性越好;$Q$ 值越低,曲线越平坦,电路的选择性越差。

在无线电广播通信技术中,常常应用谐振电路,从许多不同频率的信号中,选出所需要的信号。

2) 串联谐振电路的通频带

实际应用中,既要考虑到回路选择性的优劣,又要考虑到一定范围内回路允许信号通过的能力,规定在谐振曲线 $I = \dfrac{I_0}{\sqrt{2}}$ 上所包含的频率范围叫作电路的通频带,用字母 $BW$ 表示,如图 5.33 所示。

理论和实践证明,通频带 $BW$ 与 $f_0$、$Q$ 的关系为

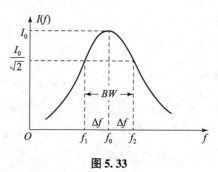

图 5.33

$$BW = f_2 - f_1 = 2\Delta f \quad (\Delta f = f_2 - f_0 = f_0 - f_1)$$

$$BW = \frac{f_0}{Q} \tag{5-48}$$

式中  $f_0$——电路的谐振频率,单位是赫[兹],符号为 Hz;

　　　$Q$——品质因数;

　　　$BW$——通频带,单位是赫[兹],符号为 Hz。

上式表明,回路的 $Q$ 值越高,谐振曲线越尖锐,电路的通频带就越窄,选择性越好;反之,回路的 $Q$ 值越小,谐振曲线越平坦,电路的通频带就越宽,选择性越差,即选择性与频带宽度是相互矛盾的两个物理量。

**4. 调谐原理**

如前例,在收音机电路中常常利用串联谐振电路选择所要收听的电台信号,这个过程叫作调谐。

收音机通过接收天线,接收到各种频率的电磁波,每一种频率的电磁波都要在天线回路中产生相应的感应电动势。收音机中最简单的接收调谐回路如图 5.34 所示。

当调节可变电容器的容量 $C$ 时,使回路与某一信号频率(如 $f_1$)发生谐振,那么电路中频率为 $f_1$ 的电流达到最大值,同时在电容器 $C$ 两端频率为 $f_1$ 的电压也就最高。这样接收到频率为 $f_1$ 的信号最强,其他各种频率的信号偏离了电路的固有频率,不能

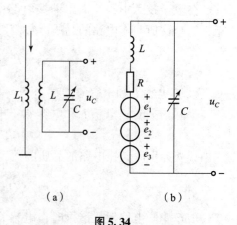

图 5.34

(a) 接收器的调谐电路;(b) 等效电路

发生谐振,电流很小,被调谐回路抑制掉。

当改变可变电容器的容量时,使电路和其他某一频率的信号(如 $f_2$)发生谐振,该频率的电流又达到最大值,信号最强,其他频率信号被抑制,这样就实现了选择电台的目的。

## 例题讲解

**【例 5-11】** 设在 RLC 串联电路中,$L = 30$ μH,$C = 211$ pF,$R = 9.4$ Ω,外加电源电压为 $u = \sqrt{2}\sin(2\pi ft)$ mV。试求:

(1) 该电路的固有谐振频率 $f_0$ 与通频带 $B$;

(2) 当电源频率 $f = f_0$ 时(即电路处于谐振状态)电路中的谐振电流 $I_0$、电感 $L$ 与电容 $C$ 元件上的电压 $U_{L0}$、$U_{C0}$;

(3) 如果电源频率与谐振频率偏差 $\Delta f = f - f_0 = 10\% f_0$,电路中的电流 $I$ 为多少?

**解**:(1) $f_0 = \dfrac{1}{2\pi\sqrt{LC}} = 2$ MHz,$Q = \dfrac{\omega_0 L}{R} = 40$,$B = \dfrac{f_0}{Q} = 50$ kHz

(2) $I_0 = U/R = 1/9.4 = 0.106$ (mA),$U_{L0} = U_{C0} = QU = 40$ mV

(3) 当 $f = f_0 + \Delta f = 2.2$ MHz 时,$\omega = 13.816 \times 10^6$ rad/s

$$|Z| = \sqrt{R^2 + \left(\omega L - \dfrac{1}{\omega C}\right)^2} = 72 \text{ Ω}$$

$$I = \dfrac{U}{|Z|} = 0.014 \text{ mA}$$

仅为谐振电流 $I_0$ 的 13.2%。

## 知识精练

### 一、选择题

1. 在 RLC 串联谐振电路中,$R = 10$ Ω,$L = 20$ mH,$C = 200$ pF,电源电压 $U = 10$ V,电路的品质因数 $Q$ 为( )。

A. 10  B. 100
C. 1 000  D. 10 000

2. 当 RLC 串联电路发生谐振时,下列说法正确的是( )。

A. 电感上的电压达到最大

B. 电容上的电压达到最大

C. 电阻上的电压达到最大

D. 电路的频率达到最大

3. 当 RLC 串联电路发生谐振时,电路中一定会有以下现象。( )

A. $U_R = U_L$  B. $U_C = U_L$
C. $U_R = U_C$  D. $U_R = U_L = U_C$

4. 当 RLC 串联电路出现以下现象时,表明电路发生了谐振。( )

A. 电路中的阻抗最大  B. 电路吸收的有功功率最大
C. 电路吸收的有功功率最小  D. 电路中的电流最小

5. 在 RLC 串联谐振电路中（　　）。
   A. 回路的总电流最小　　　　　　B. 回路的总阻抗最大
   C. 回路的总阻抗最小　　　　　　D. 回路的总阻抗是无穷大
6. 电路如图 5.35 所示，谐振频率 $f_0$ 和谐振阻抗 $Z_0$（　　）。

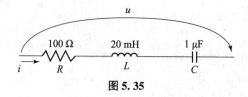

图 5.35

   A. $f_0 = 100$ kHz，$Z_0 = 1.1$ Ω　　　　B. $f_0 = 1.1$ Hz，$Z_0 = 1$ kΩ
   C. $f_0 = 1.1$ kHz，$Z_0 = 100$ Ω　　　D. $f_0 = 6.9$ kHz，$Z_0 = 100$ Ω

## 二、计算题

RLC 串联交流电路，已知电感 $L = 500$ μH，电流的谐振曲线如图 5.36 所示，求电路的品质因数、电容和电阻的值。

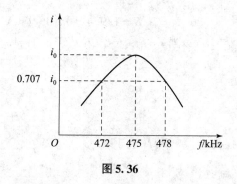

图 5.36

## *5.10　实际线圈与电容的并联电路

**本节知识**

### 1. RLC 并联电路

在并联电路中，由于各支路两端的电压相同，因此，在讨论问题时，以电压为参考量，如图 5.37 所示。

设加在 RLC 并联电路两端的电压为
$$u = U_m \sin\omega t$$
则通过电阻的电流为
$$i_R = I_{Rm}\sin\omega t$$
通过电感的电流为
$$i_L = I_{Lm}\sin\left(\omega t - \frac{\pi}{2}\right)$$

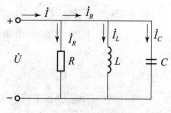

图 5.37　RLC 并联电路

通过电容的电流为

$$i_C = I_{Cm}\sin\left(\omega t + \frac{\pi}{2}\right)$$

电路的总电流为

$$i = i_R + i_L + i_C$$

由 RLC 并联电路电压、电流间的关系作出与 $u$、$i_R$、$i_L$ 和 $i_C$ 相对应的旋转矢量图, 如图 5.38 所示。(应用平行四边形法则求解总电流的旋转矢量 $I$)

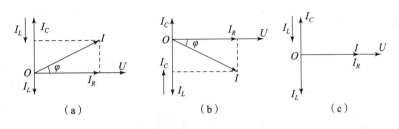

图 5.38

(a) $I_C > I_L$; (b) $I_C < I_L$; (c) $I_C = I_L$

在图 5.38 (a) 中, $I_C > I_L$, 总电流超前电压 $\varphi$, 电路呈容性;
在图 5.38 (b) 中, $I_C < I_L$, 总电流滞后电压 $\varphi$, 电路呈感性;
在图 5.38 (c) 中, $I_C = I_L$, 总电流与总电压同相, 电路呈电阻性。

分析图 5.38 可以看出, 总电流 $I$ 与 $I_R$、$|I_L - I_C|$ 组成一个直角三角形, 即电流三角形, 如图 5.39 所示。由电流三角形可知, 总电流与各支路电流间的数量关系为

$$I = \sqrt{I_R^2 + (I_L + I_C)^2} \tag{5-49}$$

总电流与流过电阻 $R$ 的电流间的夹角 $\varphi$ 就是总电流与电压间的相位差, 即

$$\varphi = \arctan\frac{I_C - I_L}{I_R} \tag{5-50}$$

### 2. 实际线圈与电容并联电路

实际线圈与电容并联电路如图 5.40 所示。

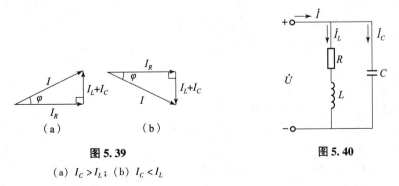

图 5.39　　　　　　图 5.40

(a) $I_C > I_L$; (b) $I_C < I_L$

由于各支路的阻抗不仅影响电流的大小, 而且影响电流的相位。因此, 解决这类问题分两步进行, 先按串联电路的规律分别对各支路进行分析、计算; 然后再根据并联电路的规律, 用旋转矢量求和的方法计算总电流。

电路主体结构为并联电路，所以令电压为参考量，即
$$u = U_m \sin\omega t$$

实际线圈支路电流为
$$I_L = \frac{U}{|Z_{RL}|} = \frac{U}{\sqrt{R^2 + X_L^2}}$$

该支路电流 $I_L$ 较电压 $U$ 滞后 $\varphi_L$
$$\varphi_L = \arctan\frac{X_L}{R}$$

电容支路的电流为
$$I_C = \frac{U}{X_C}$$

该支路电流 $I_C$ 较电压 $U$ 超前 $\frac{\pi}{2}$。

作出总电流、总电压和各支路电流旋转矢量图，如图 5.41 所示。

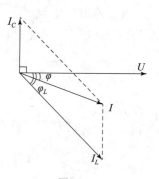

图 5.41

总电流为
$$I = \sqrt{(I_L\cos\varphi_L)^2 + (I_L\sin\varphi_L - I_C)^2} \qquad (5-51)$$

总电流与电压的相位差为
$$\varphi = \arctan\frac{I_L\sin\varphi_L - I_C}{I_L\cos\varphi_L} \qquad (5-52)$$

电路的功率
$$\begin{cases} S = UI \\ P = UI\cos\varphi \\ Q = UI\sin\varphi \end{cases}$$

### 3. 小结

分析实际线圈与电容并联电路的基本方法：

（1）根据电路主体结构，选定参考量。（主体结构为并联，选择主电压为参考量；主体结构为串联，选择主电流为参考量。）

（2）先按照串联电路的规律对各支路进行分析。

（3）按照并联电路规律，利用旋转矢量求和法求出总电流。

**例题讲解**

【例 5-12】 已知在 RL 并联电路中，$R = 50\ \Omega$，$L = 0.318\ H$，工频电源 $f = 50\ Hz$，电压 $U = 220\ V$，试求：（1）求各支路电流 $I_R$、$I_L$、总电流 $I$；（2）等效阻抗大小 $|Z|$；（3）电路呈何性质。

解：（1）由 $I_R = U/R = 220/50 = 4.4$ （A），$X_L = 2\pi fL \approx 100\ \Omega$，$I_L = U/X_L = 2.2\ A$ 可得
$$I = \sqrt{I_R^2 + I_L^2} = 4.92\ A$$

（2）$|Z| = U/I = 220/4.92 = 44.7$ （$\Omega$）

(3) 在 $RL$ 并联电路中，$I_C = 0$，$I_L > 0$，则 $I = I_C - I_L < 0$，电路呈感性。

【例 5-13】 已知在 $RC$ 并联电路中，电阻 $R = 40\ \Omega$，电容 $C = 21.23\ \mu F$，工频电源 $f = 50\ Hz$，电压 $U = 220\ V$，试求：

(1) 各支路电流 $I_R$、$I_C$、总电流 $I$；

(2) 等效阻抗大小 $|Z|$；

(3) 电路呈何性质。

**解**：(1) 由 $I_R = U/R = 220/40 = 5.5$（A），$X_C = 1/(2\pi fC) \approx 150\ \Omega$，$I_C = U/X_C = 1.47\ A$，得

$$I = \sqrt{I_R^2 + I_C^2} = 5.69\ A$$

(2) $|Z| = U/I = 220/5.69 = 38.7$（$\Omega$）。

(3) 在 $RC$ 并联电路中，$I_C > 0$，$I_L = 0$，则 $I = I_C - I_L > 0$，电路呈容性。

### 知识精练

**一、选择题**

1. 如图 5.42 所示，交流电流表的读数分别是 A1 为 6 A，A2、A3 为 10 A，则 A 的读数是（　　）。

　　A. 10 A　　　　　　　　　　　　B. 18 A

　　C. 2 A　　　　　　　　　　　　 D. 6 A

2. 如图 5.43 所示，交流电源的电压是 220 V，频率 50 Hz 时，三只灯的亮度一样。现将频率改为 100 Hz，则（　　）。

　　A. 灯变暗　　　　　　　　　　　　B. 灯变亮

　　C. 灯和原来一样亮

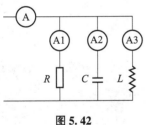

图 5.42

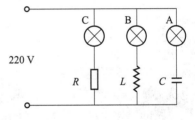

图 5.43

3. （2019 年高考题）如图 5.44 所示，当电源电压 $u = 220\sqrt{2}\sin 314t$，电流表 A1、A2、A3 示数相同，若将电源改为 $u = 220\sqrt{2}\sin 628t$，下列说法正确的是（　　）。

　　A. A1 的示数是 A2 的一半

　　B. A1 的示数是 A3 的 2 倍

　　C. A3 的示数是 A1 的 2 倍

　　D. A1、A3 的示数都不变

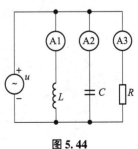

图 5.44

**二、计算题**

1. 已知某电感性负载两端的电压为 220 V，吸收的有功功率为 10 kW，$\cos\varphi_1 = 0.8$，

若把功率因数提高到 $\cos\varphi_2 = 0.95$，则应并联多大的电容；并比较并联电容前后的电流。（设电源频率为 50 Hz）

2. 如图 5.45 所示，已知各并联支路中电流表的读数分别为：A1 = 5 A，A2 = 20 A，A3 = 25 A。若维持 A1 的读数不变，而把电路的频率提高一倍，则电流表 A、A2、A3 的读数分别为多少？

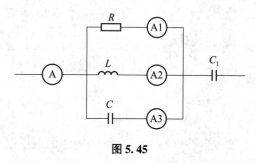

图 5.45

## *5.11 并联谐振电路

**本节知识**

串联谐振电路的特性阻抗、品质因数、固有频率、通频带等概念及其计算。串联谐振条件：电路电抗为零，即感抗与容抗相等。

$RLC$ 并联电路的电压、电流关系如图 5.46 所示。

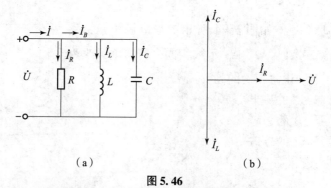

图 5.46

(a) $RLC$ 并联电路；(b) $RLC$ 并联谐振电路旋转矢量

**1. RLC 并联谐振电路**

RLC 并联电路发生谐振的条件是 $X_L = X_C$,则 $I_L = I_C$,可作出并联谐振电路电流、电压旋转矢量图如图 5.46（b）所示。

根据谐振条件,可求出谐振角频率为 $\omega_0 = \dfrac{1}{\sqrt{LC}}$,谐振频率为 $f_0 = \dfrac{1}{2\pi\sqrt{LC}}$。

RLC 并联谐振电路的性质有些与串联谐振电路相似,有些与串联谐振相反。其特性如下:

当电压一定时并联谐振电路的总电流最小,这与串联谐振电路相反。

$$I = \sqrt{I_R^2 + (I_L + I_C)^2} = I_R$$

电感支路的电流与电容支路的电流完全补偿,总电流 $I = I_R$ 为最小。

并联谐振电路的总阻抗最大,这与串联谐振电路相反。

并联谐振频率 $f_0 = \dfrac{1}{2\pi\sqrt{LC}}$,这一点与串联谐振电路相同。

谐振时,总电流与电压同相,电路呈电阻性,这与串联谐振电路相同。

**2. 电感线圈与电容并联的谐振电路**

实际线圈与电容器并联起来组成一个谐振回路,这是一种常见的、用途广泛的谐振电路,如图 5.47 所示。发生谐振时,该电路的旋转矢量图如图 5.48 所示,总电流与总电压同相。

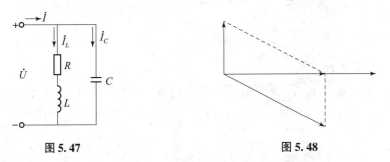

图 5.47　　　　　　　　　　图 5.48

理论与实验证明,电感线圈与电容并联谐振电路的谐振频率为

$$f_0 = \dfrac{1}{2\pi\sqrt{LC}}\sqrt{1 - \dfrac{CR^2}{L}} \tag{5-53}$$

在一般情况下,线圈的电阻比较小 $\sqrt{\dfrac{L}{C}} \gg R$（$R$ 和 $\sqrt{\dfrac{L}{C}}$ 相比可以忽略）,则 $\dfrac{CR^2}{L} \approx 0$,所以谐振频率近似为 $f_0 = \dfrac{1}{2\pi\sqrt{LC}}$,这个公式与串联谐振频率公式相同。

谐振时的特点:

电路呈电阻性,由于 $R$ 很小,总阻抗很大

$$|Z| = R_0 = \dfrac{L}{CR}$$

特性阻抗 $\rho$ 和品质因数 $Q$ 分别为

$$\rho = \sqrt{\dfrac{L}{C}}$$

$$Q = \dfrac{\omega_0 L}{R} = \dfrac{\rho}{R}$$

总电流与电压同相，数量关系为 $U = R_0 I$。

支路电流是总电流的 $Q$ 倍，即 $I_L = I_C = QI$，因此并联谐振又叫作电流谐振。

用途：并联谐振电路常常用作选频器，收音机和电视机的中频选频电路就是并联谐振电路。

并联谐振与串联谐振的谐振曲线形状相似，选择性和通频带也类似。

**注意**：在 $RLC$ 串联电路中，当感抗大于容抗时电路呈感性；而在 $RLC$ 并联电路中，当感抗大于容抗时电路却呈容性。当感抗与容抗相等时（$X_C = X_L$）两种电路都处于谐振状态。

**【例题讲解】**

**【例 5-14】** 如图 5.49 所示电感线圈与电容器构成的 $LC$ 并联谐振电路，已知 $R = 10\ \Omega$，$L = 80\ \mu H$，$C = 320\ pF$。试求：(1) 该电路的固有谐振频率 $f_0$、通频带 $B$ 与谐振阻抗 $|Z_0|$；(2) 若已知谐振状态下总电流 $I = 100\ \mu A$，则电感 $L$ 支路与电容 $C$ 支路中的电流 $I_{L0}$、$I_{C0}$ 为多少？

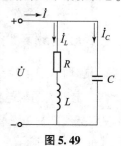

图 5.49

**解**：(1) $\omega_0 = \dfrac{1}{\sqrt{LC}} \approx 6.25 \times 10^6\ \text{rad/s}$，$f_0 = \dfrac{1}{2\pi\sqrt{LC}} \approx 1\ \text{MHz}$，$Q = \dfrac{\omega_0 L}{R} = 50$

$B = \dfrac{f_0}{Q_0} = 20\ \text{kHz}$，$|Z_0| = Q_0^2 R = 25\ \text{k}\Omega$

(2) $I_{L0} \approx I_{C0} = Q_0 I = 5\ \text{mA}$。

**【例 5-15】** 在 $RLC$ 并联电路中已知电源电压 $U = 120\ \text{V}$，频率 $f = 50\ \text{Hz}$，$R = 50\ \Omega$，$L = 0.19\ \text{H}$，$C = 80\ \mu\text{F}$。试求：(1) 各支路电流 $I_R$、$I_L$、$I_C$；(2) 总电流 $I$，并说明该电路成何性质？(3) 等效阻抗 $|Z|$。

**解**：(1) $\omega = 2\pi f = 314\ \text{rad/s}$，$X_L = \omega L = 60\ \Omega$，$X_C = 1/\omega C = 40\ \Omega$

$I_R = U/R = 120/50 = 2.4$（A），$I_L = U/X_L = 2$ A，$I_C = U/X_C = 3$ A

(2) $I = \sqrt{I_R^2 + (I_C - I_L)^2} = 2.6$ A，因 $X_L > X_C$，则电路呈容性。

(3) $|Z| = U/I_R = 120/2.6 = 46$（$\Omega$）。

**【知识精练】**

1. (2019 年高考题) 已知某发电机的额定电压为 220 V，视在功率为 440 kV·A，用它给额定电压为 220 V，有功功率为 4.4 kW 和功率因数为 0.5 的用电器供电，若满足正常工作，最大能带用电器个数为（　　）。

A. 50　　　　　　　　　　　　B. 100

C. 120　　　　　　　　　　　　D. 200

2. (2019 年高考题) $RLC$ 串联电路中，已知电源电压为 1 mV，$R = 10\ \Omega$，当电路电流达到最大值时，电感的阻抗为 1 k$\Omega$，此时电容两端电压为（　　）V。

# *5.12 提高功率因数的意义和方法

**本节知识**

**1. 提高功率因数的意义**

在交流电路中，负责从电压接收到的有功功率 $P = UI\cos\varphi$，显然与功率因数有关。提高功率因数在以下两个方面有很大的实际意义。

1）提高供电设备的能量利用率

在电力系统中，功率因数是一个重要指标。每个供电设备都有额定容量，即视在功率 $S = UI$。在电路正常工作时是不允许超过额定值的，否则会损坏供电设备。对于非电阻性负载电路，供电设备输出的总功率 $S$ 中，一部分为有功功率 $P = S\cos\varphi$，另一部分为无功功率 $Q = S\sin\varphi$。如果功率因数 $\lambda$ 越小，电路的有功功率就越小，而无功功率就越大，电路中能量互换的规模也就越大。为了减小电路中能量互换规模，提高供电设备所提供的能量利用率，就必须提高功率因数。

2）减小输电线路上的能量损失

功率因数低，还会增加发电机绕组、变压器和线路的功率损失。当负载电压和有功功率一定时，电路中的电流与功率因数成反比，即

$$I = \frac{P}{U\cos\varphi}$$

功率因数越低，电路中的电流就越大，线路上的压降也就越大，电路的功率损失也就越大。这样，不仅使电能白白消耗在线路上，而且使得负载两端的电压降低，影响负载的正常工作。

由以上两方面的分析可知，提高功率因数能使发电设备的容量得到充分利用，同时能节约大量电能。

**2. 提高功率因数的方法**

无功功率反映的是感性负载、容性负载与电源间交换能量的规模大小，有些设备需要无功功率才能工作，如变压器、电动机；但多数设备不需要无功功率做功，功率因数越大，造成的能量浪费越多。下面介绍两种常用的提高功率因数的方法，第二种方法尤为常见。

1）提高用电设备本身的功率因数

采用降低用电设备无功功率的措施，可以提高功率因数。例如，正确选用异步电动机和电力变压器的容量，由于它们轻载或空载时功率因数低，满载时功率因数较高。所以，选用变压器和电动机的容量不宜过大，并尽量减少轻载运行。

2）在感性负载上并联电容器提高功率因数

提高感性负载功率因数最简便的方法，是用适当容量的电容器与感性负载并联，如图 5.50 所示。

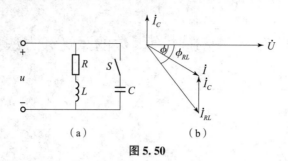

图 5.50

这样就可以使电感中的磁场能量与电容器的电场能量进行交换,从而减少电源与负载间能量的互换。在感性负载两端并联一个适当的电容后,对提高电路的功率因数十分有效。

借助相量图分析方法容易证明:对于额定电压为 $U$、额定功率为 $P$、工作频率为 $f$ 的感性负载 $R-L$ 来说,将功率因数从 $\lambda_1 = \cos\varphi_1$ 提高到 $\lambda_2 = \cos\varphi_2$,所需并联的电容为

$$C = \frac{P}{2\pi f U^2}(\tan\varphi_1 - \tan\varphi_2)$$

式中,$\varphi_1 = \arccos\lambda_1$,$\varphi_2 = \arccos\lambda_2$,且 $\varphi_1 > \varphi_2$,$\lambda_1 < \lambda_2$。

### 知识精练

**一、选择题**

用电部门提高电路功率因数的方法之一就是在电感性负载两端并联一只适当的(　　)。

A. 电阻　　　　B. 电感　　　　C. 电容　　　　D. 都可以

**二、填空题**

1. 提高功率因数的两种办法:一是_____,二是_____。
2. 提高功率因数的意义是_____和_____。

**三、计算题**

一个感性负载等效为 $RL$ 串联电路。测量得到 $U_R = 122$ V,$U_L = 184$ V,电流 $I = 320$ mA,已知电源频率 $f = 50$ Hz。

(1)计算它的功率因数;

(2)要使它的功率因数提高到 0.9,需要并联多大的电容?电容器的耐压应该多少伏?

(3)功率因数提高到 0.9 以后电流 $I$ 为多少?

# 第六章　三相交流电路

> **本章考纲**

典型电路的连接与应用：会连接星形、三角形接法的三相负载电路；会计算三相对称负载电路的相电压、线电压、相电流、线电流、功率；会分析造成三相不平衡的原因，并进行故障排除。

仪器仪表的使用与操作：会使用钳形电流表、电压互感器；认识安全电压、安全距离、安全标识、常用安全防护用具；会安全防护。

## 6.1　三相交流电源

考纲要求：
（1）了解三相交流电的产生。
（2）理解三相交流电源的星形连接和三角形连接的特点。
（3）了解中性线的概念。
重点：三相电源中的相电压、线电压的关系。
难点：三相电源中的相电压、线电压的分析与计算。

> **本节知识**

**1. 三相交流电动势**

1）三相交流电动势的产生

图6.1所示为三相交流发电机的原理图。转子绕组有 U、V、W 三个，每个绕组的匝数相等、结构相同，它们的始端分别为 $U_1$、$V_1$、$W_1$，末端分别为 $U_2$、$V_2$、$W_2$，在空间位置上彼此相差 120°，当发电机的转子以角速度 $\omega$ 按逆时针旋转时，在三个绕组的两端分别产生幅值相同、频率相同、相位依次相差 120°的正弦交流电动势。每个绕组电动势的参考方向通常规定为由绕组的末端指向绕组的始端，这样的三个电动势叫作三相对称电动势。

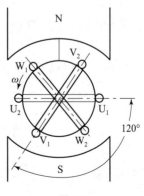

图 6.1

2）三相交流电动势的表达式

（1）以 $e_U$ 为参考正弦量，则三相电动势的瞬时表达式为

$$\begin{cases} e_U = E_m \sin\omega t \\ e_V = E_m \sin\left(\omega t - \dfrac{2\pi}{3}\right) \\ e_W = E_m \sin\left(\omega t + \dfrac{2\pi}{3}\right) \end{cases} \qquad (6-1)$$

(2) 三相交流电动势的波形图和相量图如图 6.2 所示。

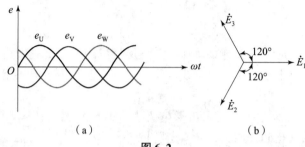

图 6.2

3) 三相交流电动势的相序

三相电动势随时间按正弦规律变化，它们到达最大值（或零值）的先后顺序叫作相序。

这种 U – V – W – U 的顺序叫正序，若为 U – W – V – U 的顺序，则叫负序。

三相对称电动势的瞬时值代数和为零，即 $e_U + e_V + e_W = 0$。

### 2. 三相对称电源的连接

1) 三相对称电源的星形连接

特点：能够提供两种大小不同的电压。

接法：三个绕组的末端接在一起，从三个始端引出三根导线如图 6.3 所示，这种的供电系统称作三相四线制，用符号"$Y_0$"表示。

(1) 相电压 $U_P$ 与线电压 $U_L$。

各相线与中性线之间的电压叫作相电压，分别用 $U_U$、$U_V$、$U_W$ 表示其有效值。

相线与相线之间的电压叫作线电压，其有效值分别用 $U_{UV}$、$U_{VW}$、$U_{WU}$ 表示。

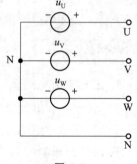

图 6.3

相电压与线电压参考方向的规定：

相电压的正方向是由首端指向中点 N，例如电压 $U_U$ 是由首端 $U_1$ 指向中点 N；线电压的方向，如电压 $U_{UV}$ 是由首端 $U_1$ 指向首端 $V_1$。

(2) 相电压与线电压之间的关系。

三相电源星形连接时的电压相量图如图 6.4 所示。三个相电压大小相等，在相位上相差 $\dfrac{2\pi}{3}$，三个相电压互相对称。

故两端线 U 和 V 之间的线电压应该是两个相应的相电压之差，即

$$\begin{cases} u_{UV} = u_U - u_V \\ u_{VW} = u_V - u_W \\ u_{WU} = u_W - u_U \end{cases}$$

三个线电压也大小相等，在相位上相差 $\dfrac{2\pi}{3}$。三个线电压互相对称。

相电压与线电压的大小关系：线电压是相电压的 $\sqrt{3}$ 倍。

相电压与线电压的相位关系：线电压超前相应的相电压 $30°$。

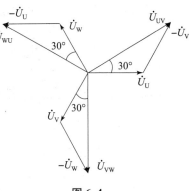

图 6.4

我们日常生活中 220 V 为相电压，也称为市电，380 V 为线电压。

2）三相对称电源的三角形连接

特点：只能提供一种电压。

接法：三相发电机三个绕组依次首尾相连，接成一个闭合回路，从三个连接点引出的三根导线即为三根端线。三相电源做 △ 连接时，只能是三相三线制，如图 6.5 所示。

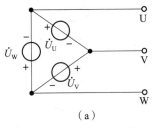

图 6.5

相电压 $U_P$ 与线电压 $U_L$ 的关系：线电压就是相应的相电压，$U_L = U_P$，即

$$U_{UV} = U_U$$
$$U_{VW} = U_V$$
$$U_{WU} = U_W$$

线电压与相应的相电压的大小和相位都相同。

**知识精练**

1.（2013 对口高考）Y 形连接的对称三相电源之间的相位差是 120°，线电压之间的相位差是（    ）。

A. 60°　　　　　　　　　　B. 90°

C. 120°　　　　　　　　　　D. 150°

2.（2015 对口高考）三相发动机绕组接成三相四线制，测得三个相电压 $U_A = U_B = U_C = 220$ V，三个线电压 $U_{AB} = 380$ V，$U_{BC} = U_{CA} = 220$ V，这说明 A、B、C 三相绕组中 _____ 相绕组接反了。

3. 如果对称三相交流电源的 U 相电动势 $e_u = E_m \sin(314t + \pi/6)$ V，那么其他两相的电动势分别为 $e_V = $ _____，$e_W = $ _____。

4. 已知对称三相电源星形连接中的 $u_V = 220\sqrt{2}\sin(\omega t - 30°)$ V，则另两相电压为 $u_U =$ _____ V、$u_W =$ _____ V。

5. 我们日常生活中所用的三相四线制供电线路中，相电压是 _____ V，其最大值为 _____ V；线电压是 _____ V，其最大值为 _____ V。

6. 已知对称三相电源星形连接中，$u_{VW} = 220\sin(314t - 30°)$ V，则 $u_U =$ _____ V。

7. 三相四线制电源中 $e_W = 380\sqrt{2}\sin\left(\omega t + \dfrac{\pi}{3}\right)$ V，则其相电压为 _____ V，线电压为 _____ V；其他相电压：$e_U =$ _____ V，线电压 $e_{VW} =$ _____ V。

8. 相电压值为 220 V 的三相对称电源做三角形连接时，将一电压表串接到三相电源的回路中，若连接正确，电压表读数是 _____，若有一相接反，电压表读数是 _____。

9. 有一对称三相电源，若 U 相的电压为 $u_U = 220\sqrt{2}\sin(314t + 30°)$ V，则 V 相和 W 相电压分别为（ ）。

 A. $u_V = 220\sqrt{2}\sin(314t - 90°)$ V，$u_W = 220\sqrt{2}\sin(314t + 90°)$ V

 B. $u_V = 220\sqrt{2}\sin(314t - 150°)$ V，$u_W = 220\sqrt{2}\sin(314t + 150°)$ V

 C. $u_V = 220\sqrt{2}\sin(314t - 90°)$ V，$u_W = 220\sqrt{2}\sin(314t + 150°)$ V

 D. $u_V = 220\sqrt{2}\sin(314t - 90°)$ V，$u_W = 220\sqrt{2}\sin(314t - 150°)$ V

10. 某三相四线电源相电压为 220 V，则其线电压的最大值为（ ）V。

 A. $220\sqrt{2}$    B. $220\sqrt{3}$    C. $380\sqrt{2}$    D. $380\sqrt{3}$

11. 三相交流电源，如按正相序排列时，其排列顺序为（ ）。

 A. U – W – V – U       B. W – V – U – W

 C. U – V – W – U       D. V – U – W – V

12. 如果给你一个验电笔或者一个量程为 500 V 的交流电压表，你能确定三相四线制供电线路中的相线和中线吗？试说出所用方法。

# 6.2 三相负载的连接

考纲要求：

（1）掌握三相负载的连接方式；

（2）掌握三相负载的星形连接和三角形连接的求解方法；

（3）了解中性线的作用。

重点：掌握三相负载的星形连接和三角形连接的求解方法。

难点：了解三相电路的计算特点。

## 本节知识

(1) 三相负载的分类。

三相对称负载:各相负载的性质相同、阻抗相等、阻抗角相等。

三相不对称负载:各相负载的性质、阻抗、阻抗角任意一个不相同就为三相不对称负载。

(2) 三相负载的连接方式。

三相负载的连接方式有两种:星形连接和三角形连接。连接方式由电源的线电压和负载的相电压来确定。当负载的额定电压为三相电源的线电压的 $\frac{1}{\sqrt{3}}$ 时,负载应接成星形;当负载的额定电压等于三相电源的线电压时,负载应当接成三角形。

(3) 三相对称负载的星形连接与三角形连接中,相电压与线电压、相电流与线电流之间的关系如表 6.1 所示。

表 6.1

| 连接方法 | 星形连接 | 三角形连接 |
| --- | --- | --- |
| 线电压与相电压的关系 | $U_L = \sqrt{3} U_P$,$U_L$ 在相位上超前对应的 $U_P$ 30° | $U_L = U_P$ |
| 线电流与相电流的关系 | $I_L = I_P$ | $I_L = \sqrt{3} I_P$,$I_L$ 滞后相应的 $I_P$ 30° |

当三相负载对称时,不论星形连接还是三角形连接,负载的三相电流、电压均对称,所以对称三相电路的计算可归结为单相电路的计算,即

$$I_P = \frac{U_P}{|Z|}$$

(4) 在负载做星形连接时,若三相负载对称,则中性线中放入电流为零,可省去中性线,采用三相三线制供电;若三相负载不对称,则中性线中有电流通过,必须要有中性线。如果断开中性线,会造成负载的电压不对称,使负载不能正常工作,甚至产生严重事故。所以规定在三相四线制中,中性线上不准安装熔断器和开关,同时在连接三相负载时,应尽量使其对称以减少中性线电流。

## 知识精练

1. (2011 对口高考)三相对称负载做三角形连接时,负载线电流 $\dot{I}_L$ 与相电流 $\dot{I}_P$ 的关系是(    )。

A. $\dot{I}_L = \sqrt{3} \dot{I}_P \angle 30°$

B. $\dot{I}_L = \dot{I}_P$

C. $\dot{I}_L = \dot{I}_P \angle 30°$

D. $\dot{I}_L = \sqrt{3} \dot{I}_P \angle -30°$

2. （2012 对口高考）如图 6.6 所示的对称三相电路中，S 合上时的电流表读数 A1 = A2 = A3 = 10 A，当开关 S 断开时，电流表读数为（　　）。

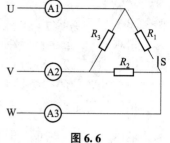

图 6.6

　　A. A1 = A2 = A3 = 10 A

　　B. A1 = A2 = A3 = $\dfrac{10}{\sqrt{3}}$ A

　　C. A1 = A3 = $\dfrac{10}{\sqrt{3}}$ A，A2 = 10 A

　　D. A1 = A3 = 10 A，A2 = $\dfrac{10}{\sqrt{3}}$ A

3. （2012 对口高考）用阻值为 10 Ω 的三根电阻丝组成三相电炉，接在线电压为 380 V 的三相电源上，电阻丝的额定电流为 25 A，应如何接？说明理由。

4. （2013 对口高考）如图 6.7 所示三相交流电路中，A1 表的读数是 A2 表读数的（　　）倍。

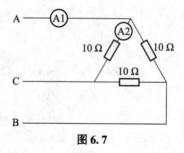

图 6.7

5. （2013 对口高考）三相四线制供电线路，已知做星形连接的三相负载中 A 相为纯电阻，B 相为纯电感，C 相为纯电容，通过三相负载的电流均为 10 A，则中线电流为（　　）。

　　A. 30 A　　　　　　　　　　B. 10 A

　　C. 6.33 A　　　　　　　　　D. 7.32 A

6. 在对称三相电路中，有一星形连接负载，已知线电流相量 $\dot{I}_A = 8\angle 20°$ A，线电压 $\dot{U}_{AB} = 380\angle 80°$ V，每相负载消耗的有功功率为（　　）W。

7. （2016 对口高考）在三相四相制线路上，连接三个相同的白炽灯泡，它们都正常发光，如果中性线断开且又有一相短路，则其他两相中的灯泡（　　）。

　　A. 将变暗　　　　　　　　　　B. 因过亮而烧毁

　　C. 仍能正常发光　　　　　　　D. 无法判断

8. (2016 对口高考) 有一个三角形连接的三相对称负载,线电流为 17.3 A,线电压为 380 V,$f=50$ Hz,$\cos\varphi=0.8$。试求:

(1) 三相有功功率、视在功率;

(2) 相电流及每相负载的 $R$ 和 $L$ 的值。

9. (2017 对口高考) 三相对称负载,每相阻抗为 $6+j8\ \Omega$,若采用△接法接于线电压为 380 V 的三相电源上,电路的总功率为 (    ) W。

10. (2018 对口高考) 如图 6.8 所示电路,$D_A$、$D_B$、$D_C$ 三个灯泡的额定功率分别为 15 W、100 W 和 75 W,额定电压均为 220 V,星形连接在三相四线制的电路中,试计算说明:

(1) 如果中线断开,$D_C$ 的开关未闭合,$D_A$、$D_B$ 灯泡会出现什么现象?

(2) 中线断开时,$D_A$ 的开关不闭合,$D_B$、$D_C$ 灯泡会出现什么现象?

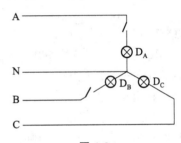

**图 6.8**

11. (2018 对口高考) 如图 6.9 所示,三只相同规格的灯泡正常工作,若在 a 处出现开路故障,则 (    )。

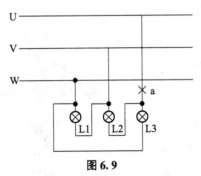

**图 6.9**

A. L1 变亮    B. L2 变暗    C. L3 变亮    D. 亮度都不变

12. (2019 对口高考) 在三相交流电路中,当负载为对称星形连接时,线电压与相电压的关系是 (    )。

A. 线电压超前相电压 30°    B. 线电压滞后相电压 30°

C. 线电压与相电压同相    D. 线电压与相电压反相

13. （2019 对口高考）对称三相负载每相的电阻 $R=6\ \Omega$，感抗 $X_L=8\ \Omega$，接入工频交流三相对称电源。求解：

（1）将负载接成三角形连接到三相对称电源时的相电流、线电流、有功功率；

（2）负载三角形连接时要将每相功率因数提高到 0.95，每相负载需并联补偿电容，计算每相需并联多大的电容？（提示：$\tan\varphi=\sin\varphi/\cos\varphi$，$\sin^2\varphi+\cos^2\varphi=1$）

（3）求解并联后的线电流、相电流。

14. 某三相对称负载做星形连接，接在线电压为 380 V 的三相对称电源上，若每相的阻抗为 20 Ω，功率因数为 0.8，则加在每相负载两端的相电压 $U_P=$ _____ V，通过每相负载的相电流 $I_P=$ _____ A，线路中的线电流 $I_L=$ _____ A，负载消耗的总功率 $P=$ _____ W。

15. 三相负载接到电压为 380 V 的三对称电源上，若各相负载的额定电压为 380 V，则负载应做_____连接；若各相负载的额定电压为 220 V，则应做_____连接。

16. 接在线电压为 380 V 的三相三线制线路上的星形对称负载，若 V 相负载发生短路，则 U 相负载上的电压为_____，W 相负载上的电压为_____；若 V 相负载发生断路，则 U 相负载上的电压为_____，W 相负载上的电压为_____。

17. 某三相四线制供电系统中，三相对称负载星形连接，各相负载上的电流均为 5 A，则线电流为_____ A，中性线电流为_____ A。

18. 一台三相电动机，绕组星形连接，接在 380 V 的三相电源上，测得线电流为 20 A，则电动机每相绕组的阻抗为（    ）。

A. 5.5 Ω　　　　B. 11 Ω　　　　C. 19 Ω　　　　D. 20 Ω

19. 三相异步电动机每相绕组的额定电压为 380 V，为保证电动机接入线电压为 380 V 的三相交流电源中能正常工作，电动机应接成（    ）。

A. 星形　　　　B. 三角形　　　　C. 串联　　　　D. 并联

20. 负载做星形连接的三相三线制供电系统中，电源电压为 380 V，若某相负载因故突然短路，则其余两相负载的电压均为（    ）。

A. 380 V　　　　B. 220 V　　　　C. 190 V　　　　D. 不确定

21. 对称三相负载做三角形连接，其各相电阻 $R=60\ \Omega$，感抗 $X_L=80\ \Omega$，将它们接到线电压为 380 V 的对称电源上，求相电流、线电流和负载的总有功功率。

22. 对称三相负载做三角形连接，其各相电阻 $R = 80$ Ω，感抗 $X_L = 80$ Ω，容抗 $X_C = 20$ Ω，将它们接到线电压为 380 V 的对称电源上，求相电流、线电流和负载的总有功功率。

23. 如图 6.10 所示，线电压为 380 V 的三相对称电源，接各负载分别为 $R = X_L = X_C = 22$ Ω，试求：

（1）每相负载的相电流和线电流。

（2）中线中的电流 $I_N$。

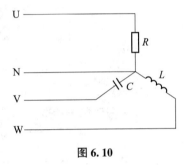

图 6.10

24. 如图 6.11 所示，三相四线制电源上，线电压为 380 V，接有三相对称Y形连接白炽灯负载，已知消耗总功率 180 W，此外，W 相上接有"220 V，40 W"，功率因数为 0.5 的日光灯一支。试求各电表的读数。

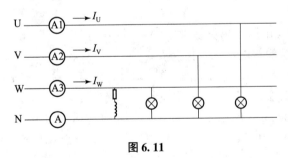

图 6.11

25. 三相四线制电路中有一组电阻性负载,三相负载的电阻值分别是 $R_U = R_V = 5\ \Omega$,$R_W = 10\ \Omega$,三相对称电源的线电压 $U_L = 380\ V$(设电源的内阻抗、线路阻抗、中性线阻抗均为零)。试求:

(1) 负载相电流和中性线电流;

(2) 中性线完好,W 相断线时的负载电流、相电压;

(3) W 相断线,中性线也断开时的负载相电流、相电压;

(4) 由 (2) 和 (3) 的结果说明中性线的作用。

## 6.3 三相电路的功率

考纲要求:

(1) 掌握对称三相电路功率的计算;

(2) 对称三相电路功率的分析与计算。

**本节知识**

(1) 三相负载消耗的总功率为各相负载消耗的功率之和,即

$$P = U_U I_U \cos\varphi_U + U_V I_V \cos\varphi_V + U_W I_W \cos\varphi_W$$

(2) 三相对称负载的总功率,不管是星形连接还是三角形连接其总功率均为

$$P = 3 U_P I_P \cos\varphi_P$$

式中 $U_P$——负载的相电压,单位是伏[特],符号为 V;

$I_P$——流过负载的相电流,单位是安[培],符号为 A;

$\varphi$——相电压与相电流之间的相位差,单位是弧度,符号为 rad;

$P$——三相负载总的有功功率,单位是瓦[特],符号为 W。

由上式可知,对称三相电路总有功功率为一相有功功率的 3 倍。

实际工作中,测量线电压、线电流较为方便,三相电路总功率常用下式计算

$$P = \sqrt{3} U_L I_L \cos\varphi$$

**注意:**

(1) 对称负载为星形或三角形连接时,线电压是相同的,相电流是不相等的。三角形连接时的线电流为星形连接时线电流的 3 倍。

(2) $\varphi$ 仍然是相电压与相电流之间的相位差,而不是线电压与线电流之间的相位差。也就是说,功率因数是指每相负载的功率因数。

(3) 同单相交流电路一样，三相负载中既有耗能元件，又有储能元件。三相电路的无功功率为

$$Q = \sqrt{3}U_L I_L \sin\varphi$$

视在功率为 
$$S = \sqrt{3}U_L I_L$$

三者间的关系为 
$$S = \sqrt{P^2 + Q^2}$$

**知识精练**

1. 某三相对称负载星形连接时，每相负载消耗的功率为 100 W，则负载消耗的总功率为（   ）。

  A. 100 W　　　　B. $100\sqrt{3}$ W　　　　C. 300 W　　　　D. $300\sqrt{3}$ W

2. 三相对称交流电路的瞬时功率 $p$ 为（   ）。

  A. 一个随时间变化的量　　　　B. 0
  C. 是一个常值，其值恰好等于有功功率 $P$　　　　D. $UI\cos\varphi$

3. 三相四线制电源中，线电压为 380 V，负载做星形连接，U 相负载为 $R = 22\ \Omega$，V 相负载为 $X_L = 44\ \Omega$，W 相负载为 $X_C = 33\ \Omega$，电路的有功功率为 _____ W。

4. 下式中可正确计算任意一组三相负载上消耗的总功率的是（   ）。

  A. $P = \sqrt{3}U_L I_L \cos\varphi_L$　　　　B. $P = \sqrt{3}U_L I_L \cos\varphi_P$
  C. $P = P_U + P_V + P_W$　　　　D. 都可以

5. 有一台三相异步电动机接在线电压为 380 V 对称电源上，已知此电动机的功率为 4.5 kW，功率因数为 0.85，则其线电流为 _____ A。

6. 若保持三相对称负载相电流不变，则负载做三角形连接时的功率是负载做星形连接时功率的 _____ 倍。

7. 有一个对称三相负载，每相负载为 $R = 100\ \Omega$ 时，计算负载分别接成星形连接和三角形连接时的相电流、线电流和有功功率。

8. 一台三相异步电动机接在线电压为 380 V 的对称三相电源上运行，测得线电流为 202 A，输入功率为 110 kW，试求电动机的功率因数、无功功率及视在功率。

9. 一电源对称的三相四线制电路，电源线电压 380 V，线路电阻不计，接三相不对称负载，各相电阻及感抗分别为 $R_U = R_V = 8\ \Omega$，$R_W = 12\ \Omega$，$X_U = X_V = 6\ \Omega$，$X_W = 16\ \Omega$。试求三相负载的有功功率、无功功率及视在功率。

10. 一台三相电动机的绕组接成星形，接在线电压为 380 V 的三相电源上，负载的功率因数是 0.8，消耗的功率是 10 kW，试求相电流和每相的阻抗。

## 6.4　安全用电

考纲要求：
（1）了解安全用电常识；
（2）掌握常用安全用电措施。

### 本节知识

（1）安全用电包括供电系统安全、用电设备的安全及人身安全三个方面。
（2）人体触电有电击和电伤两类。
（3）人体触电方式有单相触电、两相触电、跨步电压触电、接触电压触电、感应电压触电、剩余电荷触电等；人体触电急救常识。
（4）安全用电常识。
①安全电压，我国的安全电压的额定值为 42 V、36 V、24 V、12 V、6 V，不同环境下的安全电压等级不同。
②常用安全用电防护措施：相线必须进开关，导线与溶体选择合理；正确安装使用用电设备；电气设备的接地保护、电气设备的接零保护；采用各种安全保护工具。
③防止触电的保护措施：保护接地、保护接零，在电源中性点不接地的低压供电系统中，电气设备均需采用接地保护，接地电阻不得超过 4 Ω；采用保护接零时，电源中性线不能断开，否则保护失效，带来更严重的后果；为防止中性线断开，常采用重复接地，接

地电阻一般小于 10 Ω。

**知识精练**

1. （2012 对口高考）在三相电路中为防止中线断线而失去保护接零的作用，应在零线的多处通过接地装置与大地连接，这种接地称为_____。

2. （2013 对口高考）凡在潮湿工作场所或金属容器内使用手提式电动用具或照明灯时，应采用的安全电压是（　　）。
   A. 12 V　　　　B. 36 V　　　　C. 42 V　　　　D. 50 V

3. （2014 对口高考）人体通过多大的工频电流就会有生命危险？（　　）
   A. 10 mA　　　B. 20 mA　　　C. 50 mA　　　D. 80 mA

4. （2014 对口高考）用于保护手持电动工具和家用电器的漏电保护开关。额定漏电动作电流不大于（　　）。
   A. 30 mA　　　B. 40 mA　　　C. 50 mA　　　D. 60 mA

5. 电气设备工作在_____最经济、安全可靠，并能保证电气设备的使用寿命。

6. 如果用交流电压表测量某交流电压，其读数为 380 V，此交流电压的最大值为_____ V。

7. 电力系统规定中线内不允许接_____和_____。

8. 为保证用电安全，减少或避免碰壳触电事故的发生，通常采取的技术保护措施有_____、_____和_____等。

9. 保护接地主要应用在（　　）的电力系统中。
   A. 中性点直接接地　　　　B. 中性点不接地
   C. 中性点接零　　　　　　D. 以上都可以

10. 为减少或避免触电事故的发生，通常采取的技术措施有（　　）。
    A. 保护接地　　　　　　　B. 保护接零
    C. 装设漏电保护器　　　　D. 以上都是

11. 带漏电保护的空气断路器，具有（　　）的保护功能。
    A. 短路　　　　　　　　　B. 负载
    C. 漏电和欠压　　　　　　D. 以上都是

## 6.5　三相异步电动机

考纲要求：
理解和掌握三相异步电动机的基本结构和原理。
重点：三相异步电动机的工作原理。
难点：三相异步电动机转动所需具备的条件。

> 本节知识

**1. 三相交流异步电动机的结构**

1）定子

机座：支撑转子，作为磁路的一部分和散热作用。

定子铁芯：由表面绝缘的硅钢片叠成。

三相定子绕组：分为U、V、W三相，可以连接为Y形和△形。

2）转子

转轴：支撑转子，保证定子和转子之间的气隙。

转子铁芯：由硅钢片叠成，用来嵌入转子绕组。

转子绕组：由铜条或铝浇铸而成，形似鼠笼（鼠笼式）。

**2. 三相交流异步电动机的Y形和△形接法（图6.12）**

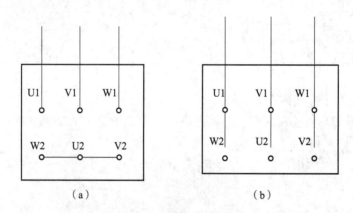

图 6.12

(a) 星形连接；(b) 三角形连接

**3. 三相异步电动机的正反转**

将任意相线交换就可以改变相序，从而实现三相异步电动机的反转。

**4. 三相交流异步电动机的同步转速、异步转速和转差率，转矩与转速的关系**

（1）同步转速 $n_0 = \dfrac{60f}{p}$，其中 $n_0$ 为同步转速，即定子中的旋转磁场转速，$f$ 为工频 50 Hz，$p$ 为磁极对数。

（2）$n$ 为电动机额定转速即异步转速，$n$ 在额定工况下略小于 $n_0$。

（3）转差率 $S = \dfrac{n_0 - n}{n_0}$，$S$ 的变化范围是 $0 \sim 1$。电动机启动的刹那，$n$ 为 0，此时转差率为 1。

（4）转矩和转速的关系 $T = \dfrac{9\,550P}{n}$，$T$ 是扭矩，单位为 N·m；$P$ 是输出功率，单位为 kW；$n$ 是电动机转速。

## 例题讲解

**【例 6-1】** （2019 年高考题）某三相异步电动机的额定转速为 950 r/min，则其定子绕组磁极对数为_____。

答案：3。

解析：因为该电动机的额定转速为 950 r/min，由此可知 $n_0 = 1\ 000$ r/min，通过 $n_0 = \dfrac{60f}{p}$ 计算可知 $p$ 为 3。

**【例 6-2】** （2018 年高考题）某Y形连接三相笼式异步电动机，U、V、W 三个接线端测得的电阻值分别是 $R_{UV} = 20\ \Omega$、$R_{UW} = 10\ M\Omega$、$R_{WV} = 10\ M\Omega$，以下说法正确的是( )。

A. U 相绕组断路　　　　　　　　B. V 相绕组断路
C. W 相绕组断路　　　　　　　　D. V 相绕组漏电

答案：B。

解析：由 $R_{UV} = 20\ \Omega$、$R_{UW} = 10\ M\Omega$、$R_{WV} = 10\ M\Omega$ 可知，UV 之间没有断路，从而可以判断出 W 相绕组断路。此题需理解Y形接法。

## 知识精练

1. 一台 50 Hz 三相感应电动机的转速为 $n = 720$ r/min，该电动机的极数和同步转速为（ ）。

 A. 4 极，1 500 r/min　　　　　　B. 6 极，1 000 r/min
 C. 8 极，750 r/min　　　　　　　D. 10 极，600 r/min

2. 国产额定转速为 1 450 r/min 的三相异步电动机为（ ）极电动机。

 A. 2　　　　　B. 4　　　　　C. 6　　　　　D. 8

3. 一台三相异步电动机，其额定转速 $n = 1\ 460$ r/min，电源频率 $f = 50$ Hz。则电动机在额定负载下的转差率为_____。

4. [2017 年高考题] 异步电动机空载时的转差率为 $S_0$、功率因数为 $\lambda_0$，额定工作时的转差率为 $S_1$、功率因数为 $\lambda_1$，以下描述正确的是（ ）。

 A. $S_0$ 小于 $S_1$，$\lambda_0$ 小于 $\lambda_1$　　　　B. $S_0$ 小于 $S_1$，$\lambda_0$ 大于 $\lambda_1$
 C. $S_0$ 大于 $S_1$，$\lambda_0$ 小于 $\lambda_1$　　　　D. $S_0$ 大于 $S_1$，$\lambda_0$ 大于 $\lambda_1$

5. 三相异步电动机主要由_____和_____两部分组成。

6. 三相异步电动机的三相定子绕组通以_____，则会产生_____。

7. 三相异步电动机旋转磁场的转速称为_____，它与电源频率和_____有关。

8. 三相异步电动机的转速取决于_____、_____和电源频率 $f$。

9. 三相异步电动机的调速方法有_____、_____和转子回路串电阻调速。

10. 三相异步电动机机械负载加重时，其定子电流将_____。

# 第七章 变压器

**本章考纲**

仪器仪表的使用与操作：会使用三相调压器。

常用电子电气设备的维护与使用：认识变压器的型号、分类、结构、符号；会使用小型变压器的接线；会计算变压器的功率、效率；能对简单应用电路中的变压器进行选型。

## 7.1 变压器的结构

考纲要求：
(1) 了解变压器的分类，使用注意事项；
(2) 掌握变压器的结构、额定值。
重点：理解变压器的结构。
难点：变压器的额定值的应用。

**本节知识**

**1. 变压器的分类**

(1) 按用途分：电力变压器、专用电源变压器、调压变压器、测量变压器、隔离变压器。

(2) 按绕组结构分：双绕组变压器、三绕组变压器、多绕组变压器、自耦变压器。

(3) 按铁芯结构分：壳式变压器、芯式变压器。

(4) 按相数分：单相变压器、三相变压器、多相变压器。

**2. 变压器的结构**

1) 铁芯

作用：变压器的磁路通道。

材料：由硅钢片叠加而成，目的是减少磁滞损耗和涡流损耗。

按结构形式分：芯式和壳式。

2) 绕组

作用：变压器的电路通道。

材料：漆包线等，绕在同一铁芯时，高压绕组在内，低压绕组在外。

分类：与电源相连的绕组叫原绕组（一次绕组、初级绕组），与负载相连的叫副绕组（二次绕组、次级绕组）。

**3. 变压器的额定值**

额定容量：变压器原绕组输出的最大视在功率，单位为 kV·A。

原边额定电压：接在副绕组上的最大正常工作电压。

副边额定电压：变压器原绕组接额定电压时，副绕组上接额定负载时的输出电压。

**4. 变压器的使用注意事项**

（1）分清绕组，正确安装，防止损坏绝缘或过载。

（2）防止变压器绕组短路，烧毁变压器。

（3）过载温度不能过高，注意散热。

*知识精练*

1. 变压器的工作原理基于两耦合的线圈（　　　）。
A. 发生互感　　　　　　　　　B. 发生自感
C. 发生短路　　　　　　　　　D. 发生断路

2. 变压的铁芯材料采用硅钢片叠加而成，目的是减少_____和_____损耗。

3. 一台单相变压器，其额定电压为 $U_{1N}/U_{2N} = 10/0.4$ kV，额定电流为 $I_{1N}/I_{2N} = 25/625$ A，则变压器的额定容量为_____kV·A。

4. 变压器的额定容量是指变压器的_____端的最大输出功率。

5. 变压器是一种能变换_____电压，而_____不变的静止电气设备。

6. 变压器的绕组常用绝缘铜线或铜箔绕制而成。接电源的绕组称为_____；接负载的绕组称为_____。也可按绕组所接电压高低分为_____和_____。按绕组绕制的方式不同，可分为同心绕组和交叠绕组两大类型。

7. 变压器的铁芯常用_____叠装而成，因线圈位置不同，可分为_____和_____两大类。

8. 变压器高低压绕组的排列方式主要分为交叠式和（　　　）两种。
A. 芯式　　　　B. 同心式　　　　C. 壳式

9. 如果变压器铁芯采用的硅钢片的单片厚度越厚，则（　　　）。
A. 铁芯中的铜损耗越大
B. 铁芯中的涡流损耗越大
C. 铁芯中的涡流损耗越小

10. 在单相变压器的两个绕组中，输出电能的一侧叫作（　　　）。
A. 一次侧绕组　　　　　　　　B. 二次侧绕组
C. 高压绕组　　　　　　　　　D. 低压绕组

11. 变压器的铁芯采用导磁性能好的硅钢片叠压而成，能减小变压器的（　　　）。
A. 铁损耗　　　　B. 铜损耗　　　　C. 机械损耗

12. 变压器的高压绕组的电流一定（　　　）低压绕组的电流。
A. 大于　　　　B. 等于　　　　C. 小于

13. 多绕组变压器的额定容量是（　　）。
A. 最大的绕组额定容量
B. 各个绕组额定容量的平均值
C. 各个绕组额定容量之和

## 7.2　变压器的工作原理

考纲要求：
（1）了解变压器的工作原理；
（2）掌握变压器的电流变换、电压变换及阻抗变换的原理；
（3）利用变压器的电流变换、电压变换及阻抗变换的原理的分析计算。
重点：变压器的电流变换、电压变换及阻抗变换的原理。
难点：变压器的电流变换、电压变换及阻抗变换原理的分析计算。

**本节知识**

（1）变压器的工作原理：利用电磁感应的原理工作，只能传递电能，不能产生电能。
（2）理想变压器的作用。

①理想变换空载运行（交流电压的变换，如图7.1所示）：变压器的一次、二次绕组两端的电压与绕组的匝数成正比，即

$$\frac{U_1}{U_2} = \frac{N_1}{N_2} = K$$

$K$ 称为变压器的变压比。

②理想变压器的有载运行（交流电流的变换，如图7.2所示）：变压器的一次、二次绕组中的电流与绕组的匝数成反比，即

$$\frac{I_1}{I_2} = \frac{N_2}{N_1} = \frac{1}{K}$$

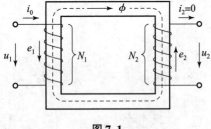

图7.1

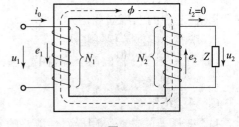

图7.2

③理想变压器的阻抗变换（图7.3）：变压器二次侧接上负载阻抗$|Z_2|$时，在一次侧两端所呈现的等效电阻为

$$|Z_1| = \left(\frac{N_1}{N_2}\right)^2 |Z_2| = K^2 |Z_2|$$

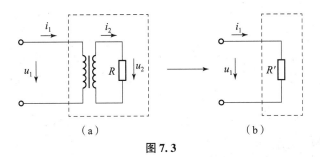

图 7.3

(3) 多绕组理想变压器的电压与电流的关系。

理想变压器的输入功率等于输出功率,即 $P_入 = P_出$,所以当为三绕组变压器时,则 $P_1 = P_2 + P_3$,可得 $U_1I_1 = U_2I_2 + U_3I_3$。

**知识精练**

1. (2011 对口高考)变压器的副边电压 $U_2 = 12$ V,在接某一电阻性负载时测得副边电流 $I_2 = 4$ A,变压器的效率为 80%,则变压器的输入容量为_____V·A。

2. (2012 对口高考)变比 $n = 10$ 的变压器,如果负载电阻 $R_L = 2$ Ω,那么原边的等效电阻为_____Ω。

3. (2013 对口高考)电路如图 7.4 所示。
(1) 试选择合适的匝数比使传输到负载上的功率达到最大;
(2) 求 1 Ω 负载上获得的最大功率。

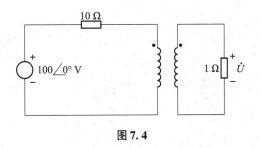

图 7.4

4. (2014 对口高考)如图 7.5 所示电路中电压 $U$ 等于( )。
A. 0　　　　　B. 8 V　　　　　C. -8 V　　　　　D. 16 V

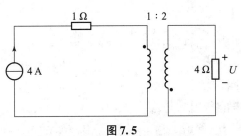

图 7.5

5. （2014 对口高考）某信号源内阻为 512 Ω，若要使它向 8 Ω 的喇叭输出最大功率，则输出变压器的匝数比为 _____。

6. （2016 对口高考）已知变压器原边匝数 $N_1 = 1\,000$ 匝，副边匝数 $N_2 = 2\,000$ 匝，若从变压器原边看进去等效阻抗为 1.25 Ω，则此时变压器的负载阻抗为（　　）。

  A. 1.25 Ω    B. 2.5 Ω    C. 5 Ω    D. 10 Ω

7. （2016 对口高考）对于理想变压器来说，下列叙述正确的是（　　）。

  A. 变压器可以改变各种电源电压
  B. 抽出变压器铁芯、互感现象依然存在，变压器仍能正常工作
  C. 变压器不仅能改变电压，还能改变电流和功率
  D. 变压器原绕组的输入功率是由副绕组的输出功率决定的

8. （2016 对口高考）已知信号源的电动势 20 V，内阻 $R_0 = 800$ Ω，负载电阻 $R_L = 8$ Ω，试计算：

  (1) 当负载电阻 $R_L$ 直接与信号源连接时，信号源输出的功率是多少？
  (2) 若负载 $R_L$ 接入匹配变压器，使信号源输出最大功率。试求变压器的匝数比为多少？信号源最大输出功率为多少？

9. （2017 对口高考）将输入电压为 220 V、输出电压为 6 V 的理想变压器改绕成输出电压为 24 V 的变压器，若保持原边绕组匝数不变，副边绕组原有匝数 30 匝，则副边绕组应增加的匝数为（　　）。

  A. 120 匝    B. 90 匝    C. 144 匝    D. 150 匝

10. （2019 对口高考）已知某音频功放输出变压器原边匝数 $N_1 = 600$ 匝，副边匝数 $N_2 = 15$ 匝，接有阻抗为 4 Ω 的扬声器，现要改装成接 16 Ω 的扬声器，副边匝数应改为 _____ 匝。

11. 已知某变压器匝数比为 $N_1 : N_2 = 315 : 11$，如果 $U_1 = 6\,300$ V，那么 $U_2 = $ _____ V。

12. 某理想变压器的变比 $K = 2$，其副边负载的电阻 $R_L = 8$ Ω。若将此负载电阻折算到原边，则阻值 $R'_L$ 为（　　）。

  A. 18 Ω    B. 32 Ω    C. 4 Ω    D. 16 Ω

13. 变压器绕组中不能改变的量是（　　）。

  A. 电压    B. 电流    C. 频率    D. 阻抗

14. 用变压器改变交流阻抗的目的是（　　）。

  A. 提高输出电压    B. 使负载获得更大的电流
  C. 使负载获得最大功率    D. 为了安全

15. 变压器中起传递电能作用的是（　　）。

  A. 主磁通    B. 漏磁通    C. 电流    D. 电压

16. 有一台 380 V/36 V 的变压器，在使用时不慎将高压侧和低压侧互相接错，当低压侧加上 380 V 电源时，会发生的现象是（　　）。

　A. 高压侧有 380 V 电压输出

　B. 高压侧没有电压输出，绕组严重过热

　C. 高压侧有高压输出，绕组严重过热

　D. 高压侧有高压输出，绕组无过热

17. 变压器是根据_____原理工作的，其基本结构包括_____和_____组成。

18. 某变压器一次绕组匝数 300 匝，二次绕组匝数 60 匝，如果在二次侧接上一个 8 Ω 的扬声器，则变压器的输入阻抗是_____Ω。

19. 有一台额定电压为 11 000 V/220 V 的降压变压器，副边接一盏 "220 V, 100 W" 的灯泡，若原边绕组为 2 000 匝，副边绕组为多少匝？灯泡点亮后，原、副边的电流各为多少？

20. 单相变压器的原边电压 $U_1 = 3\,000$ V，变压比 $n = 6$，求副边电压 $U_2$。如果副边所接负载 $R_L = 6$ Ω，那么原边的等效电阻 $R$ 为多少？

21. 有小型电力变压器初级电压为 2 200 V，次级输出电压为 220 V，接电阻性负载时，测得次级电流为 10 A，若变压器的效率为 $\eta = 95\%$，求输入功率、输入电流及变压器的损耗功率。

22. 某理想多绕组变压器的原边 $N_1 = 2\,000$ 匝，副边 $N_2 = 4\,000$ 匝，$N_3 = 100$ 匝，原边所加电压 $U_1 = 220$ V，副边 $N_2$ 两端外接 100 Ω 电阻 $R_1$，$N_3$ 两端外接 22 Ω 电阻 $R_2$。求变压器的输入电阻。

23. 变压器的一次绕组为 2 000 匝，变压比 $K = 30$，一次绕组接入工频电源时铁芯中的磁通量最大值 $\Phi_m = 0.015$ Wb。试计算一次绕组、二次绕组的感应电动势各为多少。

## 7.3 变压器的功率和效率

考纲要求：
(1) 了解变压器中的损耗功率的产生；
(2) 掌握变压器功率和效率的计算。
重点：变压器的功率和效率的计算。
难点：变压器具有损耗功率时的计算。

### 本节知识

**1. 变压器的功率**

变压器原边的输入功率：$P_1 = U_1 I_1 \cos \Phi_1$，变压器次级的输出功率：$P_2 = U_2 I_2 \cos \Phi_2$。

变压器总的损耗功率 $\Delta P = P_1 - P_2$。

变压器的功率损耗包括铜损和铁损两部分。铜损是由原、副边绕组有电阻，电流在电阻上消耗一定的功率。铁损是由主磁通在铁芯中产生的磁滞损耗和涡流损耗。

**2. 变压器的效率**

变压器的效率为变压器的输出功率与输入功率的百分比，即

$$\eta = \frac{P_2}{P_1} \times 100\%$$

大容量变压器的效率可达 98% ~ 99%，小型电源变压器效率为 70% ~ 80%。

### 知识精练

1. (2012 对口高考) 一单相照明变压器，容量为 10 kV·A，电压为 3 300/220 V。今欲在副绕组接 220 V 60 W 的白炽灯，如果要变压器在额定情况下运行，这种灯泡应接多少个？

   A. 50　　　　　　B. 83　　　　　　C. 166　　　　　　D. 99

2. (2013 对口高考) 一台容量为 20 kV·A 的照明变压器，其电压为 6 600/220 V，能供给 $\cos \varphi = 0.6$、电压为 220 V，功率 40 W 的日光灯 (　　)。

   A. 100 盏　　　　B. 200 盏　　　　C. 300 盏　　　　D. 400 盏

3. （2015 对口高考）变压器原、副绕组匝数比为 10∶1，副绕组自身的电阻为 0.5 Ω，其接一个"20 V，100 W"的电阻，在不考虑原绕组与铁芯的热损失的情况下，该变压器的效率为（　　）。

　　A. 89%　　　　　B. 87.5%　　　　　C. 11.25%　　　　　D. 11%

4. 一台三相变压器的额定容量 $S_N = 3\,200$ kV·A，额定电压为 $U_{1N}/U_{2N} = 35/10.5$ kV，其一次侧额定电流为_____ A。

5. 某变压器型号为 S7-500/10，其中 S 表示_____，数字 500 表示_____；10 表示_____。

6. 如图 7.6 所示，理想变压器原副线圈匝数比为 $n_1 : n_2 = 4 : 1$，原线圈回路中的电阻 A 与副线圈回路中的负载电阻 B 的阻值相等。a、b 端加一定交变电压后，两电阻的电功率之比 $P_A : P_B = $ _____，两电阻两端电压之比 $U_A : U_B = $ _____。

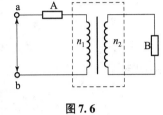

图 7.6

7. 变压器原、副绕组的匝数比为 10∶1，副绕组自身的电阻为 0.5 Ω，它接有一个"20 V，100 W"的电阻能正常工作，不考虑原绕组与铁芯的热损失，此变压器的效率是_____；如果要保证负载电阻达到额定功率，则变压器的输入电压应为_____ V。

8. 为探究理想变压器原、副线圈电压、电流的关系，将原线圈接到电压有效值不变的正弦交流电源上，副线圈连接相同的灯泡 $L_1$、$L_2$，电路中分别接了理想交流电压表 $V_1$、$V_2$ 和理想交流电流表 $A_1$、$A_2$，导线电阻不计，如图 7.7 所示，当开关 S 闭合后（　　）。

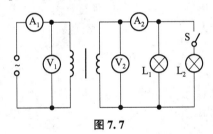

图 7.7

　　A. $A_1$ 示数变大，$A_1$ 与 $A_2$ 示数的比值不变
　　B. $A_1$ 示数变大，$A_1$ 与 $A_2$ 示数的比值变大
　　C. $V_2$ 示数变小，$V_1$ 与 $V_2$ 示数的比值变大
　　D. $V_2$ 示数不变，$V_1$ 与 $V_2$ 示数的比值不变

9. 某变压器工作时原边电压为 380 V，电流为 0.2 A，副边电压为 38 V，电流为 1.5 A，试求变压器的效率和损失的功率。

10. 有一理想变压器原、副绕组的匝数比为 10∶1，原绕组接 $u = 220\sin(314t - 30°)$ V 的交流电源，试求：（1）变压器的输出电压；（2）当副绕组接上 100 Ω 的电阻时，原绕组中的电流为多少？

11. 有一台额定电压为 10 000 V/220 V 的降压变压器，副边接一盏 "220 V，100 W" 的灯泡，变压器的效率为 98%。求灯泡点燃后原、副边的电流。若原边绕组为 2 000 匝，副边绕组为多少匝？

12. 有一个信号源的电动势 $E = 2$ V，其内阻 $r = 900$ Ω，负载阻抗 $R_L = 225$ Ω，欲使负载获得最大功率，在信号源和负载之间接一匹配变压器。试求变压器的变压比和原、副边电流。

13. 一台理想变压器原线圈匝数 $n_1 = 1\ 100$ 匝，两个副线圈的匝数分别是 $n_2 = 60$ 匝，$n_3 = 600$ 匝，若通过两个副线圈中的电流强度分别是 $I_2 = 1$ A，$I_3 = 4$ A，求原线圈中的电流强度。

14. 理想变压器的初级线圈为 $n_1 = 100$ 匝，次级线圈为 $n_2 = 200$ 匝，$n_3 = 20$ 匝，在次级线圈 $n_2$ 上接一个 $R = 48.4$ Ω 的电阻，在 $n_3$ 上接一个 "220 V，100 W" 的灯泡，如图 7.8 所示。当初级线圈与 $e = 220\sqrt{2}\sin\omega t$ V 的交流电源连接后，求变压器的各绕组电流和输入功率。

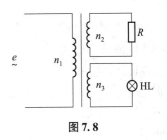

图 7.8

## 7.4 几种常用变压器

考纲要求：
(1) 了解几种常用变压器的构造、用途；
(2) 了解几种常用变压器的使用注意事项；
(3) 掌握电压互感器与电流互感器的应用。
重点：几种常用变压器的使用注意事项。
难点：电压互感器与电流互感器的应用。

*本节知识*

**1. 自耦变压器的原理与使用注意事项**

特点：原、副绕组共用一个线圈。

注意事项：(1) 正确区别原、副边绕组，注意接线。

(2) 通电前要将手柄归零，然后再调出所需电压。

**2. 三相变压器的原理与连接方式**

由于三相磁通对称（各相磁通幅值相等，相位互差120°），所以通过中间铁芯的总磁通为零，故中间铁芯柱可以取消。这样，实际制作时，通常把三个铁芯柱排列在同一平面，如图7.9所示。这种三相变压器比三个单相变压器组合效率高、成本低、体积小，因此应用广泛。原副边可以根据实际需要连接成星形或三角形。原边与三相电源连接，副边与三相负载连接，构成三相电路。

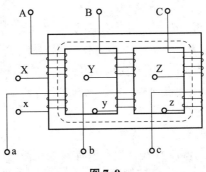

图 7.9

### 3. 电流互感器的原理与使用

电流互感器先将被测的大电流变换成小电流，然后用仪表测出副边电流 $I_2$，将其除以变压比 $n$，就可间接测出原边大电流 $I_1$，即 $I_1 = I_2/n$。电流互感器的原边与被测电路串联，副边接电流表。原边的匝数很少，一般只有一匝或几匝，用粗导线绕成。副边的匝数较多，用细导线绕成，与电流表串联，它与双绕组变压器工作原理相同，如图 7.10 所示。使用时为和仪表配套，电流互感器不管原边电流多大，通常副边电流的额定值为 1 A 或 5 A。电流互感器正常工作时，不允许副边开路，否则会烧毁设备危及操作人员安全。同时必须把铁壳和副边的一端接地。

钳形电流表是将电流互感器和电流表组装成一体的便携式仪表。副边与电流表组成闭合回路，铁芯是可以开合的。测量时，先张开铁芯套进被测电流的导线，闭合铁芯后即可测出电流，使用非常方便，量程为 5~100 A。

### 4. 电压互感器的原理与使用

如图 7.11 所示，电压互感器的构造与普通双绕组变压器相同。它先将被测电网或电气设备的高压降为低压，然后用仪表测出副边的低压 $U_2$，把其乘以变压比 $n$，就可以间接测出原边高压值。

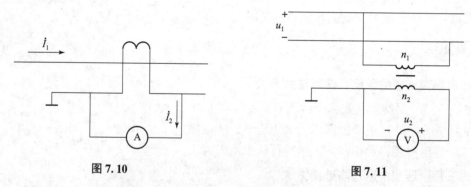

图 7.10　　　　　　　　　　图 7.11

为使与电压互感器配套使用的仪表标准化，不管原边高压多大，通常副边低压额定值均为 100 V，以便统一使用 100 V 标准的电压表。为确保安全，使用电压互感器时，必须把铁壳和副边的一端接地，以防绝缘损坏副边出现高压。

### 5. 变压器的铭牌数据

在变压器外壳上均有一块铭牌，要安全正确的使用变压器，必须掌握铭牌中各个数据的含义。

变压器铭牌中的型号分两部分，前部分代表变压器的类别、结构、特征和用途，后部分代表产品的额定容量和高压绕组的额定电压等级，其型号中的字母所代表的含义如下：

第一位字母表示变压器的类别，O 表示降压自耦，D 表示单相，S 表示三相。

第二位字母表示变压器的冷却方式，F 表示油浸风冷，J 表示油浸自冷，P 表示强迫油循环。

第三位字母表示变压器的材质，L 表示铝绕组。

第四位字母表示变压器的调压方式，Z 表示有载调压。

如铭牌为：ZHSFP – 7200/110，变压器铭牌的含义是一个整流变压器，Z 表整流，H 表示铁芯材料是非晶合金，S 表示三相，F 表示风冷，P 表示强迫油循环。7200 表示变压器容量为 7 200 kV·A，110 表示变压器输入电压为 110 kV。

**知识精练**

1. （2011 对口高考）电流互感器常用于测量大电流，下面描述不正确的是（    ）。
   A. 电流互感器原边绕组匝数少，副边绕组匝数多
   B. 电流互感器原边绕组匝数多，副边绕组匝数少
   C. 电流互感器工作时，副边不允许开路
   D. 电流互感器使用时，应将铁壳与副边绕组的一端接地
2. （2013 对口高考）某变压器型号为 SJL-1000/10，其中"S"代表的含义是（    ）。
   A. 单相           B. 双绕组           C. 三相           D. 三绕组
3. （2015 对口高考）有一额定电压为 220 V、额定功率为 2.5 kW 的电热水器，为检测其工作情况，需选用仪表为（    ）。
   A. 250 V 交流电压表和 20 A 钳形电流表
   B. 400 V 交流电压表和 10 A 钳形电流表
   C. 200 V 交流电压表和 20 A 钳形电流表
   D. 100 V 交流电压表和 20 A 钳形电流表
4. （2018 对口高考）变压器铭牌为"SFSZ9-31500/110"，则其相数和冷却方式是（    ）。
   A. 三相、风冷                          B. 三相、水冷
   C. 单相、空气自冷                      D. 单相、水冷
5. 自耦变压器接电源之前应把自耦变压器的手柄位置调到（    ）。
   A. 最大值         B. 中间           C. 零
6. 电流互感器一次绕线的匝数很少，要_____接入被测电路；电压互感器一次绕组的匝数较多，要_____接入被测电路。
7. 某正在运行的三相异步电动机，已知它的线电流为 10 A，当用钳形电流表钳住一根相线时的读数为_____A，钳住两根相线时的读数为_____A，钳住三根相线时的读数为_____A。
8. 用电流比为 200/5 的电流互感器与量程为 5 A 的电流表测量电流，电流表读数为 4.2 A，则被测电流是_____A。若被测电流为 180 A，则电流表的读数应为_____A。
9. 电压互感器的原理与普通_____变压器是完全一样的，不同的是它的更准确。

# 第八章 控制用电磁组件

**本章考纲**

典型电路的连接与应用：认识异步电动机的形状、结构、符号；会连接异步电动机点动、自锁、降压启动、制动、正反转电路。

常用电子电气设备的维护与使用：会分析和排除常见故障。

通过本章的学习应该掌握按钮和行程开关的结构、符号及作用；掌握继电器的基本概念、结构、工作原理及分类；掌握接触器的结构、工作原理与用途；掌握低压断路器的作用、结构、工作原理、电气符号、命名规则、分类、工作参数、选型方法；掌握开启式负荷开关的结构与工作原理。

重点：各低压电器的结构、符号、工作原理及用途。

难点：会分析和排除常见故障。

**本节知识**

**1. 主令电器**

主令电器主要用来接通、分断和切换控制电路，即用它来控制接触器、继电器等电器的线圈得电与失电，从而控制电力拖动系统的启动与停止以及改变系统的工作状态，如正转与反转等，因此属于控制电器。由于它是一种专门发号施令的电器，故称为主令电器。常用的主令电器有控制按钮、行程开关、万能转换开关、主令控制器等。

1）控制按钮

控制按钮俗称按钮，是一种结构简单、应用广泛的主令电器。一般情况下它不直接控制主电路的通断，而在控制电路中发出手动"指令"去控制接触器、继电器等电器，再由它们去控制主电路，也可用来转换各种信号线路与电气联锁线路等。其额定电流不超过 5 A。通常用来短时间接通或断开控制电路的手动电器。

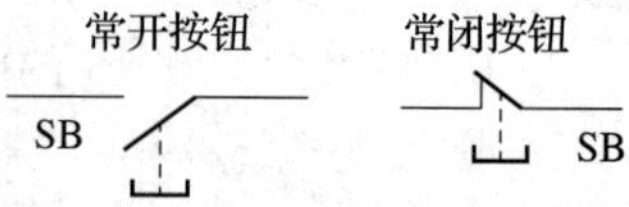

按钮的电路图符号如图 8.1 所示，其结构如图 8.2 所示。

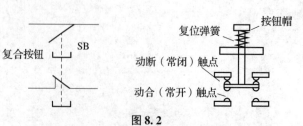

图 8.1

图 8.2

2）行程开关

行程开关又称限位开关或位置开关，其作用与按钮开关相同，是对控制电路发出接通或断开、信号转换等指令的。不同的是行程开关触头的动作不是靠手来完成，而是利用生产机械某些运动部件的碰撞使触头动作，从而接通或断开某些控制电路，达到一定的控制要求。

为适应各种条件下的碰撞，行程开关有很多构造形式用来限制机械运动的位置或行程以及使运动机械按一定行程自动停车、反转或变速、循环等，以实现自动控制的目的。

各系列行程开关的基本结构相同，都是由操作点、触头系统和外壳组成的，区别仅在于使位置开关动作的传动装置不同，如图 8.3 所示。

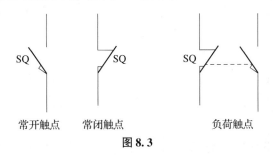

图 8.3

行程开关可按下列要求进行选用。

（1）根据应用场合及控制对象选择种类。

（2）根据安装环境选择防护形式。

（3）根据控制回路的额定电压和电流选择系列。

（4）根据机械行程开关的传力与位移关系选择合适的操作形式。

**2. 接触器和继电器**

接触器属于控制类电器，是一种适用于远距离频繁接通和分断交直流主电路和大容量控制电路，实现远距离自动控制并具有欠（零）电压保护功能的电器。

其主要控制对象是电动机，也可用于其他电力负载如电热器、电焊机等。接触器具有欠压保护、零压保护、控制容量大、工作可靠、寿命长等优点，它是自动控制系统中应用最多的一种电器。

1）接触器的结构及工作原理

接触器的结构如图 8.4 所示。

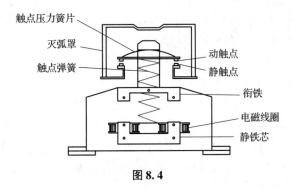

图 8.4

电磁系统包括线圈、静铁芯和动铁芯（衔铁）。

触头系统包括用于接通、切断主电路的主触头和用于控制电路的辅助触头。

灭弧装置用于迅速切断主触头断开时产生的电弧（一个很大的电流），以免使主触头烧毛、熔焊，对于容量较大的交流接触器常采用灭弧栅灭弧。

2）图形符号及文字符号（图8.5）

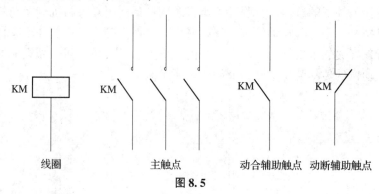

图 8.5

3）工作原理

接触器的工作原理是利用电磁铁吸力及弹簧反作用力配合动作，使触头接通或断开。当吸引线圈通电时，铁芯被磁化吸引衔铁向下运动，使得常闭触头断开，常开触头闭合。

当线圈断电时，磁力消失，在反力弹簧的作用下，衔铁回到原来位置，使触头恢复到原来状态。

4）结构

（1）电磁机构。

①结构：电磁线圈、衔铁（动铁芯）、静铁芯（吸引线圈）。

②分类：直动式、拍合式。

③原理：电磁线圈通电后，电磁吸力大于弹性力，使衔铁闭合。

（2）执行机构——触头系统。

作用：通过触点的开、闭来通、断电路。

触点按原始状态可分为：动合触点和动断触点。

（3）灭弧系统。

①电弧：指触头在闭合和断开（包括熔体在熔断时）的瞬间，触点间距离极小，电场强度较大，触点间产生大量的带电粒子形成炽热的电子流产生弧光放电现象，称为电弧。

②用途：用于熄灭触头分断负载电流时产生的电弧。

③电弧种类：交流电弧和直流电弧。

交流电弧存在交流过零点，电弧易熄灭。

④常用的灭弧装置：灭弧罩、灭弧栅和磁吹灭弧装置。

5）接触器的用途

接触器是一种用来频繁接通和断开交、直流主电路及大容量控制电路的自动切换电器。它具有低压释放保护功能，可进行频繁操作实现远距离控制，是电力拖动自动控制线路中使用最广泛的电气元件。

6) 接触器的分类

接触器按照其主触点所控制主电路电流的种类可以分为交流接触器和直流接触器两种，其工作原理和应用场合都不同。

(1) 交流接触器。

交流接触器是利用电磁力来接通和断开大电流电路的一种自动控制电器，它常用在控制电动机的主电路上。

线圈通交流电，当交变磁通穿过铁芯时，产生涡流和磁滞损耗使铁芯发热。为减少铁损，铁芯用硅钢片冲压而成。

铁芯端面安装一个铜环用于消除振动和噪声。

(2) 直流接触器。

直流接触器结构上有立体布置和平面布置两种结构，电磁系统多采用绕棱角转动的拍合式结构，主触点采用双断点桥式结构或单断点转动式结构。

线圈通直流电时，铁芯中不会产生涡流和磁滞损耗。

(3) 交流接触器和直流接触器的主要区别：

①交流接触器的铁芯会产生涡流和磁滞损耗，而直流接触器没有铁芯损耗，因而交流接触器的铁芯是由相互绝缘的硅钢片叠装而成，且常做成 E 形；直流接触器的铁芯则是由整块软钢制成的，且大多做成 U 形。

②交流接触器由于通过的是单相交流电，为消除电磁铁产生振动和噪声，在静铁芯的端面上嵌有短路环，而直流接触器则不需要。

③交流接触器采用栅片灭弧装置，而直流接触器则采用磁吹灭弧装置。

④交流接触器的启动电流大，其操作频率最高约 600 次/h，直流接触器的操作频率最大能达到 1 200 次/h。

7) 继电器

继电器是根据某种输入信号接通或断开小电流控制电路，实现远距离自动控制和保护的自动控制电器。

继电器的输入信号可以是电流、电压等电量，也可以是温度、速度、时间、压力等非电量，而输出通常是触点的接通或断开。

(1) 作用：控制、放大、联锁、保护和调节。

(2) 分类。

①按输入信号的性质可分为：电压继电器、电流继电器、时间继电器、温度继电器、速度继电器、压力继电器等。

②按工作原理可分为：电磁式继电器、感应式继电器、电动式继电器、热继电器和电子式继电器等。

③按其用途可分为：控制继电器、保护继电器、中间继电器。

④按动作时间可分为：瞬时继电器、延时继电器。

⑤按输出形式可分为：有触点继电器、无触点继电器。

8) 继电器与接触器的区别

继电器：用于控制电路、电流小，没有灭弧装置，可在电量或非电量的作用下动作。

接触器：用于主电路、电流大，有灭弧装置，一般只能在电压作用下动作。

9）电磁式继电器（图8.6）

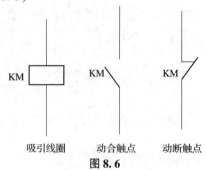

图 8.6

结构：由电磁机构和触点系统组成。

原理：当线圈通电后，线圈的励磁电流就产生磁场，从而产生电磁吸力吸引衔铁。一旦磁力大于弹簧反作用力，衔铁就开始运动，并带动与之相连的触点向下移动，使动触点与其上面的动断触点分开，而与其下面的动合触点吸合。最后，衔铁被吸合在与极靴相接触的最终位置上。

若在衔铁处于最终位置时切断线圈电源，磁场便逐渐消失，衔铁会在弹簧反作用力的作用下脱离极靴，并再次带动触点脱离动合触点返回到初始位置。

电磁式继电器的分类：

按输入信号分：电压继电器、中间继电器、电流继电器、电磁式时间继电器、速度继电器。

按线圈电流种类分：直流继电器和交流继电器。

按用途不同分：控制继电器、保护继电器、通信继电器和安全继电器等。

在低压电器控制中，经常需要延时功能，这就要用到时间继电器。

10）时间继电器的分类

继电器的感测元件在感受外界信号后，经过一段时间才使执行部分动作，这类继电器称为时间继电器。

按其动作原理与构造的不同可分为电磁式、电动式、空气阻尼式和晶体管式（电子式）等类型。

按照延时方式分为通电延时和断电延时两种类型。

通电延时型时间继电器的动作原理是：线圈通电时使触头延时动作，线圈断电时使触头瞬时复位。

断电延时型时间继电器的动作原理是：线圈通电时使触头瞬时动作，线圈断电时使触头延时复位。

11）空气阻尼式时间继电器

空气阻尼式时间继电器是利用空气的阻尼作用获得延时的。此继电器结构简单、价格低廉，但是准确度低、延时误差大（±20%），因此在要求延时精度高的场合不宜采用。

结构：由电磁机构、延时机构和触点系统等三部分组成。

空气阻尼式时间继电器有通电延时型和断电延时型两种形式。同一个时间继电器可以实现变换，变换方法：将线圈旋转180°，就由通电延时型变为断电延时型，或由断电延时型变为通电延时型。

时间继电器的图形符号如图 8.7 所示，文字符号用 KT 表示。

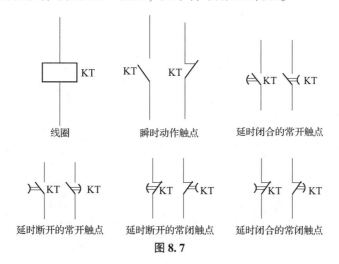

图 8.7

12）电子式时间继电器

电子式时间继电器的种类很多，最基本的有延时吸合和延时释放两种，它们大多是利用电容充放电原理来达到延时目的的。

JS20 系列电子式时间继电器具有延时长、线路简单、延时调节方便、性能稳定、延时误差小、触点容量较大等优点。

13）直流电磁式时间继电器

在直流电磁式电压继电器的铁芯上增加一个阻尼铜套，即可构成直流电磁式时间继电器。

14）热继电器

电动机在实际运行中常常遇到过载的情况。若过载电流不太大且过载时间较短，电动机绕组温升不超过允许值，这种过载是允许的。

但若过载电流大且过载时间长，电动机绕组温升就会超过允许值，这将会加剧绕组绝缘的老化，缩短电动机的使用年限，严重时会使电动机绕组烧毁，这种过载是电动机不能承受的。因此，常用热继电器做电动机的过载保护。

（1）热继电器的功能。

具有过载保护特性的过电流继电器。

长期过载、频繁启动、欠电压、断相运行均会引起过电流。

用途：电动机或其他设备的过载保护和断相保护。

（2）双金属片热继电器结构及工作原理。

①结构。

热继电器主要由热元件、双金属片、触点系统、动作机构、复位按钮、电流整定装置和温度补偿元件等部分组成，其外形、结构及图形符号如图 8.8 所示。

②工作原理。

图 8.8 中热元件是一段电阻不大的电阻丝，接在电动机的主电路中。双金属片是感测元件，它由两种受热后有不同热膨胀系数的金属碾压而成，其中下层金属的热膨胀系数

大,称为主动层;上层的小,称为被动层。

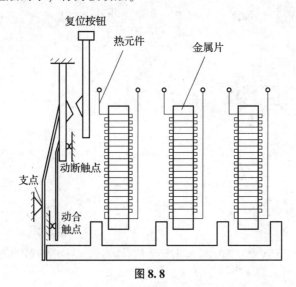

图 8.8

当电动机过载时,流过热元件的电流增大,热元件产生的热量使双金属片中的下层金属的膨胀变长速度大于上层金属的膨胀速度,从而使双金属片向上弯曲。

经过一定时间后,弯曲位移增大使双金属片与扣扳分离(脱扣)。扣扳在弹簧的拉力作用下,将常闭触点断开。

热继电器就是利用电流的热效应原理,在发现电动机不能承受的过载时切断电动机电路,是为电动机提供过载保护的保护电器。

(3)热继电器的图形符号如图 8.9 所示。

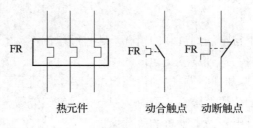

图 8.9

(4)热继电器的选用。

热继电器型号的选用应根据电动机的接法和工作环境决定。

在一般情况下,可选用两相结构的热继电器;在电网电压的均衡性较差、工作环境恶劣或维护较少的场所,可选用三相结构的热继电器。

(5)热继电器动作电流的整定。

热继电器动作电流的整定主要根据电动机的额定电流来确定。热继电器的整定电流是指热继电器长期不动作的最大电流,超过此值即开始动作。

热继电器可以根据过载电流的大小自动调整动作时间,具有反时限保护特性。当过载电流是整定电流的 1.2 倍时,热继电器动作时间小于 20 min;当过载电流是整定电流的 1.5 倍时,动作时间小于 2 min;当过载电流是整定电流的 6 倍时,动作时间小于 5 s。

**3. 开启式负荷开关与低压断路器**

低压断路器（又称为自动空气开关）。

功能：不频繁接通、断开负载电路，并具有故障自动跳闸功能。

用于正常情况下的接通和分断操作以及严重过载、短路及欠压等故障时的自动切断电路，在分断故障电流后，一般不需要更换零件，具有较大的接通和分断能力。

1）结构

低压断路器主要由触头系统、灭弧装置、脱扣机构（保护装置）、操作机构等组成。

低压断路器的触头系统一般由主触头、弧触头和辅助触头组成。

灭弧装置采用栅片灭弧方法，灭弧栅一般由长短不同的钢片交叉组成，放置在由绝缘材料组成的灭弧室内，构成低压断路器的灭弧装置。

保护装置由各类脱扣器（过流、失电及热脱扣器等）构成，以实现短路、失压、过载等保护功能。低压断路器有较完善的保护装置，但构造复杂、价格较贵、维修麻烦。

自由脱扣机构是用来联系操作机构和主触头的机构。

操作机构是实现断路器闭合、断开的机构。

2）工作原理

（1）一旦发生过载或短路时，过流脱扣器将吸合而顶开锁钩将主触头断开，从而起到短路保护作用。

（2）电压严重下降或断电时，衔铁就被释放而使主触头断开，实现欠压保护作用。

3）电路符号（图 8.10）

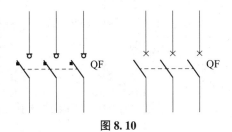

**图 8.10**

4）命名规则

以 DZ47LE - 63　C20/0.03 为例。

DZ 代表：小型断路器；

47：设计序号；

LE：漏电保护；

63：框架电流等级；

C20：额定工作电流 20 A；

0.03：漏电保护的动作电流 0.03 A，即 30 mA，人体的安全电流 ≤30 mA。

5）分类

低压断路器按用途分有：配电（照明）、限流、灭磁、漏电保护等几种；

按动作时间分有：一般型和快速型；

按结构分有：框架式（万能式 DW 系列）和塑料外壳式（装置式 DZ 系列）。

6) 断路器电气参数选择的一般原则

（1）断路器的额定工作电压大于或等于线路额定电压。

（2）断路器的额定电流大于或等于线路计算负载电流。

（3）断路器的额定短路通断能力大于或等于线路中可能出现的最大短路电流，一般按有效值计算。

（4）断路器欠电压脱扣器额定电压等于线路额定电压。

（5）具有短延时的断路器，若带欠电压脱扣器，则欠电压脱扣器必须是延时的，其延时时间应大于或等于短路延时时间。

（6）断路器的分励脱扣器额定电压等于控制电源电压。

（7）电动传动机构的额定工作电压等于控制电源电压。

7) 常用低压断路器

目前，常用的低压断路器有塑壳式断路器和框架式断路器。

塑壳式断路器是低压配电线路及电动机控制和保护中的一种常用的开关电器，其常用型号有 DZ5 和 DZ10 系列。DZ5 – 20 表示额定电流为 20 A 的 DZ5 系列塑壳式低压断路器。

8) 选型

对于不频繁启动的笼型电动机，只要在电网允许范围内都可首先考虑采用断路器直接启动，这样可以大大节约电能，还没有噪声。

低压断路器的选型要求如下：

（1）额定电压不小于安装地点电网的额定电压。

（2）额定电流不小于长期通过的最大负荷电流。

（3）极数和结构形式应符合安装条件、保护性能及操作方式的要求。

9) 开启式负荷开关

（1）有胶盖，主要作用是灭弧。

（2）有熔断器，短路保护。

（3）正常的安装与使用方法：手柄朝上，不可倒装，也不可以横着装，是一个重要的电气安全规则。

### 例题讲解

**【例 8 – 1】** 交流接触器吸合后的线圈电流与未吸合时的电流之比（　　）。

A. 大于 1　　　　B. 等于 1　　　　C. 小于 1　　　　D. 无法确定

答案：C

解析：没吸合时电流大，吸合完后电流小。首先交流接触器的线圈大多用的交流电，当线圈中间铁芯磁路没有通时线圈的感抗很小，所以电流大；当铁芯吸合了磁路通了时，线圈的感抗大大增加，电流就减小很多。

### 知识精练

一、选择题

1. 控制工作台自动往返的控制电器是（　　）。

A. 自动空气开关　　　　　　　　B. 时间继电器

C. 行程开关　　　　　　　　　　　　D. 热继电器
2. 各电器线圈的接法（　　　）。
A. 只能并联　　　　　　　　　　　　B. 只能串联
C. 根据需要可以并联或串联　　　　　D. 都不可以
3. 控制电动机反接制动的电器应是（　　　）。
A. 电流继电器　　　　　　　　　　　B. 时间继电器
C. 速度继电器　　　　　　　　　　　D. 热继电器
4. 在电动机正反转控制电路中，若两只接触器同时吸合，其后果是（　　　）。
A. 电动机不能转动　　　　　　　　　B. 电源短路
C. 电动机转向不定　　　　　　　　　D. 电动机正常转动
5. PLC 内部只能由外部信号驱动的器件是（　　　）。
A. 内部继电器　　　　　　　　　　　B. 输出继电器
C. 输入继电器　　　　　　　　　　　D. 辅助继电器
6. 交流接触器的_____发热是主要的。
A. 线圈　　　　　　B. 铁芯　　　　　　C. 触头
7. 下列电器中不能实现短路保护的是_____。
A. 熔断器　　　　　　　　　　　　　B. 热继电器
C. 空气开关　　　　　　　　　　　　D. 过电流继电器
8. 热继电器过载时双金属片弯曲是由于双金属片的_____。
A. 机械强度不同　　　　　　　　　　B. 热膨胀系数不同
C. 温差效应
9. 变压器的铁芯采用 0.35～0.5 mm 厚的硅钢片叠压制造，其主要的目的是降低（　　　）。
A. 铜耗　　　　　　　　　　　　　　B. 磁滞和涡流损耗
C. 涡流损耗　　　　　　　　　　　　D. 磁滞损耗
10. 大型异步电动机不允许直接启动，其原因是（　　　）。
A. 机械强度不够　　　　　　　　　　B. 电动机温升过高
C. 启动过程太快　　　　　　　　　　D. 对电网冲击太大
11. 由于电弧的存在，将导致（　　　）。
A. 电路分断时间加长　　　　　　　　B. 电路分断时间缩短
C. 电路分断时间不变　　　　　　　　D. 分断能力提高
12. 交流接触器触点压力大小与触点电阻成（　　　）。
A. 正比　　　　　　B. 反比　　　　　　C. 无关　　　　　　D. 无法确定
13. 在工业、企业、机关、公共建筑、住宅中目前广泛使用的控制和保护电器是（　　　）。
A. 开启式负荷开关　　　　　　　　　B. 接触器
C. 转换开关　　　　　　　　　　　　D. 断路器

二、填空题

1. 电气控制线路分_____和_____。

2. 电气控制系统中常用的保护环节有：_____、_____、_____、_____和_____等。

3. 三相异步电动机常用制动方法有_____、_____以及_____。

4. 笼型异步电动机常用的降压启动方法有_____和_____。

5. 指出如下符号代表哪种电气元器件：
   FU  KM  KA  KT
_____、_____、_____、_____。

6. 时间继电器按延时方式可分为_____型和_____型。

7. 热继电器在电路中作为_____保护，熔断器在电路中作为_____保护。

# 第九章　可编程序控制器（PLC）

**本章考纲**

典型电路的连接与应用：认识可编程序控制器的形状、结构、主要逻辑部件与常用品牌（至少能举出最常见的三种）。

常用电子电气设备的维护与使用：会一种可编程序控制器的接线；会用可编程序控制器的逻辑指令编制简单应用程序。

通过本章的学习应该熟悉 PLC 的基本组成与工作原理；熟练掌握 FX 系列可编程控制器的基本指令及应用；熟悉编程的基本规则和技巧。能正确编写和阅读不太复杂的 PLC 用户程序；能进行 PLC 的 I/O 接线和熟练使用编程器。

## 9.1　可编程序控制器的基本组成及工作原理

重点：PLC 的基本组成及工作原理。
难点：PLC 的循环扫描工作方式。

**本节知识**

**1. PLC 产生**

1969 年，美国数字设备公司（GEC）首先研制成功第一台可编程序控制器，并在通用汽车公司的自动装配线上试用成功，从而开创了工业控制的新局面。

**2. PLC 的分类与特点**

1）可编程序控制器的分类
（1）按照点数、功能不同分类；
（2）按照结构形状分类；
（3）按照使用情况分类。

2）PLC 的特点
（1）可靠性高，抗干扰能力强；
（2）编程简单，使用方便；
（3）控制程序可变，具有很好的柔性；
（4）功能完善；
（5）扩充方便，组合灵活；
（6）减少了控制系统设计及施工的工作量；

（7）体积小、质量轻，是"机电一体化"特有的产品。

### 3. PLC的发展与应用

（1）PLC的发展大体上可分为3个阶段：

①形成期（1970 — 1974年）；

②成熟期（1973 — 1978年）；

③大发展时期（1977 —至今）。

（2）随着国外PLC技术的日益发展，其应用也越来越广泛，其范围通常可分成五大类型：

①顺序控制；

②运动控制；

③过程控制；

④数据处理；

⑤通信。

### 4. PLC的硬件组成

可编程序控制器的组成基本同计算机一样，由中央处理器（CPU）、存储器、输入/输出单元（I/O接口电路）、电源单元、外围设备等构成，如图9.1所示。

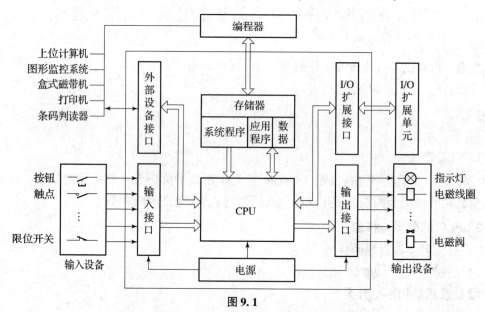

图9.1

1）PLC中的CPU作用及分类

CPU按系统程序赋予的功能，指挥PLC有条不紊地进行工作。归纳起来主要有以下五个方面：

（1）接收并存储编程器或其他外设输入的用户程序或数据；

（2）诊断电源、PLC内部电路故障和编程中的语法错误等；

（3）接收并存储从输入单元（接口）得到现场输入状态或数据；

（4）逐条读取并执行存储器中的用户程序，将运算结果存入存储器；

(5) 根据运算结果，更新有关标志位和输出内容，通过输出接口实现控制、制表打印或数据通信等功能。

存储器的作用：

PLC 中存储器主要用于系统程序、用户程序、数据存储器的类型：

①可读/写操作的随机存储器 RAM；

②只读存储器 ROM、PROM、EPROM、E2PROM。

2）输入/输出接口（I/O 模块）

输入/输出接口通常也称 I/O 单元或 I/O 模块，是 PLC 与工业生产现场之间的连接通道。

PLC 输入接口——用户设备需输入 PLC 的各种控制信号，如限位开关、操作按钮、选择开关、行程开关以及其他一些传感器输出的开关量或模拟量（要通过模数变换进入机内）等，通过输入接口电路将这些信号转换成中央处理器能够接收和处理的信号，用这些数据作为 PLC 对被控制对象进行控制的依据。

PLC 输出接口——将中央处理器送出的弱电控制信号转换成现场需要的强电信号输出，以驱动电磁阀、接触器、电机等被控设备的执行元件。

### 5. PLC 的软件组成

(1) 继电器逻辑。

PLC 一般为用户提供以下几种继电器（以 FX2N 系列 PLC 为例）：

输入继电器（X）、输出继电器（Y）、内部继电器（M）。

(2) 定时器逻辑。

(3) 计数器逻辑。

### 6. PLC 的工作原理

PLC 采用循环扫描的工作原理可分为初始化处理阶段、输入信号处理阶段、程序执行阶段、输出刷新阶段，如图 9.2 所示。输入刷新、程序执行和输出刷新三个阶段构成 PLC 一个工作周期，由此循环往复，因此称为循环扫描工作方式。

扫描周期的长短由 CPU 执行指令的速度、指令本身占用的时间、指令条数决定。PLC 采用扫描的工作方式是区别于其他设备的最大特点之一，我们在学习和使用 PLC 当中都应加强注意。

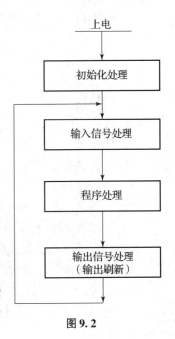

图 9.2

**例题讲解**

【例 9-1】 （2014 年高考题）PLC 的扫描工作过程包含五个阶段，但不包含下列哪项内容？（　　）

A. 内部处理　　　　　　　　B. 通信服务

C. 输出采样　　　　　　　　D. 程序执行

**答案**：C。

**解析：** 整个扫描工作过程包括内部处理、通信服务、输入采样、程序执行、输出刷新五个阶段。

**【例 9-2】** （2015 年高考题）可编程序控制器主要由_____、存储器、输入/输出单元、电源和编程器等几部分组成。

**答案：** CPU。

**【例 9-3】** （2016 年高考题）PLC 每一个扫描周期分为：输入采样、_____和输出刷新三个阶段。

**答案：** 程序执行。

**【例 9-4】** （2019 年高考题）在 PLC 控制系统中，当控制流程需要改变时，正确的处理方法是（   ）。

A. 修改程序　　　　　　　　　　B. 改变工艺
C. 改变硬件接线　　　　　　　　D. 改变 PLC 类型

**答案：** A。

### 知识精练

**一、选择题**

1. PLC 在输入采样阶段执行的程序是（   ）。
   A. 用户程序　　　　B. 系统程序　　　　C. 初始化程序

2. PLC 在用户程序执行阶段完成的主要工作是（   ）。
   A. 执行系统程序　　　　　　　　B. 执行用户程序
   C. 解释用户程序并产生相应结果

3. PLC 的实际输出状态取决于（   ）。
   A. 输出锁存器的状态
   B. 输出映像寄存器的状态
   C. 程序执行阶段的结果

4. 下列哪一句话对 PLC 输出的描述是正确的？（   ）
   A. 输出映像寄存器的状态在程序执行阶段维持不变
   B. 输出锁存器的状态在输出刷新阶段保持不变
   C. 输出映像寄存器的状态在输出刷新阶段保持不变

5. 输入映像寄存器的清零工作在哪一个阶段完成？（   ）
   A. 初始化　　　　　　　　　　B. CPU 自诊断
   C. 输入刷新

6. PLC 对监控定时器的复位在哪一个阶段进行？（   ）
   A. 初始化　　　　B. CPU 自诊断　　　　C. 外部设备服务

7. PLC 监控定时器的定时时间与整个程序的循环周期相比（   ）。
   A. 略长　　　　　　B. 略短　　　　　　C. 相等

8. 在下列 3 种 PLC 编程元件中，哪一个元件的线圈自身具有自保持功能？（   ）
   A. 继电器　　　　　B. 计数器　　　　　C. 触发器

## 二、填空题

1. PLC 通过_____单元实现与现场信号的联系。
2. 光电耦合电路是 PLC 用于抑制_____的措施之一。
3. PLC 的输入单元通常有_____、_____、_____3 种类型。
4. PLC 的输出方式通常有_____方式、_____方式、_____方式。
5. PLC 与继电-接触器电路的重要区别是：PLC 将逻辑电路部分用_____来实现。

## 三、判断题

1. PLC 的每一个输入、输出端子，都对应一个固定的数据存储位。（　　）
2. PLC 的工作过程以循环扫描的方式进行。（　　）
3. PLC 对输入状态变化的响应一般没有滞后。（　　）
4. PLC 在程序执行阶段是在用户程序管理下运行的。（　　）
5. 用户程序体现了输入与输出之间的逻辑关系和时序关系。（　　）
6. 每当 PLC 解释完一行梯形图指令后，随即会将结果输出，从而产生相应的控制动作。（　　）
7. 输出锁存器的状态保持一个循环周期。（　　）

## 四、分析思考题

1. PLC 扫描用户梯形图程序依照怎样的顺序和步骤？

2. PLC 为什么采取集中采样、集中输出的工作方式？这种方式对输入、输出的响应产生怎样的影响？

## 9.2 可编程序控制器的常用编程元件

重点：FX2N 系列 PLC 的编程元件。
难点：状态元件、定时器、计数器、数据寄存器、变址寄存器、指针的使用。

**本节知识**

FX2N 系列 PLC 的编程元件：
(1) 输入继电器（X0～X267）。
(2) 输出继电器（Y0～Y267）。
(3) 辅助继电器（M）。
①通用辅助继电器 M0～M499（500 点）；
②停电保持辅助继电器 M500～M1023（524 点）；
③特殊辅助继电器 M8000～M8255（256 点），尤其注意其中的 M8000、M8001、M8002、M8003、M8010、M8011、M8012、M8013、M8033。
(4) 状态元件（S）。
初始化用状态元件：S0～S9，共 10 点；
普通用状态元件：S10～S499 共 490 点，其中，S10～S19 为回参考点专用状态元件；
停电保护用状态元件：S500～S899 共 400 点；
报警用状态元件：S900～S999 共 100 点。
(5) 定时器（T）（字、bit）。
PLC 内部的时钟脉冲有 1 ms、10 ms 和 100 ms 三挡，当所计时间达到设定值时，输出触点就动作。
①通用定时器：
100 ms 通用定时器（T0～T199）共 200 点，定时范围为 0.1～3 276.7 s；
10 ms 通用定时器（T200～T245）共 46 点，定时范围为 0.01～327.67 s。
②积算型定时器：
1 ms 积算定时器（T246～T249）共 4 点，定时范围为 0.001～32.767 s；
100 ms 积算定时器（T250～T255）共 6 点，定时范围为 0.1～3 276.7 s。
(6) 计数器 C（字、bit）。
①16 位增计数器：C0～C199，共 200 点。其中，C0～C99（100 点）为通用型计数器；C100～C199（100 点）为停电保持型计数器（停电后能保持当前值，待通电后继续计数）。
②32 位增/减计数器：C200～C234，共 35 点，其中，C200～C219（20 点）为通用型计数器，C220～C234（15 点）为停电保持型计数器。计数器 C200～C234 是增计数还是减计数由对应的特殊辅助继电器 M8200～M8234 的状态决定，当 M82×× 被置为 ON 时，对应的计数器为减计数，反之，则为增计数。

(7) 常数 (K/H)。

其中，K 为十进制；H 为十六进制。

例如：K100 代表常数 100；

H100 代表十六进制数 100，即十进制数 256。

(8) 数据寄存器 (D)（字）。

通用数据寄存器：D0~D199；

停电保持型数据寄存器：D200~D7999；

特殊数据寄存器：D8000~D8255，共 28 个点。

(9) 变址寄存器 (V/Z)（字）。

V、Z 都是 16 位的寄存器，可进行数据的读与写，当进行 32 位操作时，将 V、Z 合并使用，指定 Z 为低位。变址寄存器是数据寄存器的一种，但它的存储内容（数值）可以直接加到其他编程元件的编号或数值上，改变编程元件的地址，如 V0 = K5，则执行 D20V0 时，被执行的软元件编号为 D25。

(10) 指针 (P/I)

分支指针 (P0~P127) 共 128 点，指针 P0~P63 作为标号时，用来指定条件跳转、子程序调用等目标。

**例题讲解**

【例 9 - 5】 (2014 年高考题) 可编程序控制器的所有软继电器中，能与外部设备直接连接的只有（　　）。

A. 输入和输出继电器　　　　　　B. 辅助继电器

C. 状态器　　　　　　　　　　　D. 数据寄存器

答案：A。

【例 9 - 6】 (2018 年高考题) PLC 编程时，不能用于输出的器件是（　　）。

A. 计数器 C

B. 辅助继电器 M

C. 定时器 T

D. 动合或动断触点

答案：B。

解析：在 PLC 编程中，M 是 PLC 编程元件中的一种叫作中间继电器，可以由 PLC 内部其他编程元件控制驱动它。它不能直接输出控制信号到 PLC 的外部，它的触点只能在 PLC 内部使用。

【例 9 - 7】 对 PLC 软继电器描述正确的是（　　）。

A. 有无数对常开和常闭触点供编程时使用

B. 有两对常开和常闭触点供编程时使用

C. 不同型号的 PLC 的情况可能不一样

D. 以上说法都不对

答案：A。

**知识精练**

一、选择题

1. FX2N 系列 PLC 的 X/Y 编号是采用什么进制？（　　）
   A. 二进制　　　　　　　　　　　　　B. 十进制
   C. 八进制　　　　　　　　　　　　　D. 十六进制

2. FX2N 的初始化脉冲继电器是（　　）。
   A. M8000　　　　　　　　　　　　　B. M8001
   C. M8002　　　　　　　　　　　　　D. M8004

3. FX2N 系列 PLC 的定时器 T 编号是采用什么进制？（　　）
   A. 十进制　　　　　　　　　　　　　B. 二进制
   C. 八进制　　　　　　　　　　　　　D. 十六进制

4. FX2N 系列 PLC 中，S 表示什么继电器？（　　）
   A. 状态　　　　　　　　　　　　　　B. 辅助
   C. 特殊　　　　　　　　　　　　　　D. 时间

5. M8013 的脉冲输出周期是多少？（　　）
   A. 5 s　　　　　B. 13 s　　　　　C. 10 s　　　　　D. 1 s

6. M8012 是归类于（　　）。
   A. 普通继电器　　　　　　　　　　　B. 计数器
   C. 特殊辅助继电器　　　　　　　　　D. 高速计数器

7. M8002 有什么功能？（　　）
   A. 置位功能　　　　　　　　　　　　B. 复位功能
   C. 常数　　　　　　　　　　　　　　D. 初始化功能

8. 线圈驱动指令 OUT 不能驱动下面哪个软元件？（　　）
   A. X　　　　　B. Y　　　　　C. T　　　　　D. C

9. 通用与断电保持计数器的区别是（　　）。
   A. 通用计数器在停电后能保持原有状态，断电保持计数器不能保持原状态
   B. 断电保持计数器在停电后能保持原有状态，通用计数器不能保持原状态
   C. 通用计数器和断电保持计数器都能在停电后保持原有状态
   D. 通用计数器和断电保持计数器都不能在停电后保持原有状态

10. FX2N 系列 PLC 中最常用的两种常数是 K 和 H，其中以 K 表示的是（　　）。
    A. 二进制数　　　　　　　　　　　　B. 八进制数
    C. 十进制数　　　　　　　　　　　　D. 十六进制数

11. FX2N 系列 PLC 中定时器的编号为（　　）。
    A. T0～T255　　　　　　　　　　　　B. T0～T245
    C. T1～T256　　　　　　　　　　　　D. T1～T245

12. FX2N 系列 PLC 中 100 ms 通用定时器的编号为（　　）。
    A. T0～T256　　　　　　　　　　　　B. T0～T245
    C. T0～T199　　　　　　　　　　　　D. T1～T245

13. FX2N 系列 PLC 的定时器最长定时为（    ）。
A. 30 s                                B. 32 767 s
C. 3 276.7 s                           D. 999.9 s

14. 三菱 PLC 中，16 位的内部计数器计数数值最大可设定为（    ）。
A. 32 768                              B. 32 767
C. 10 000                              D. 100 000

15. 定时器 T1 的设定值是 K500，表示延时（    ）s。
A. 0.5                                 B. 5
C. 50                                  D. 500

二、填空题

1. _____是初始化脉冲，在_____时，它 ON 一个扫描周期。当 PLC 处于 RUN 状态时，M8000 一直为_____。

2. 编程元件中只有_____和_____的元件编号采用的是八进制。

3. FX2N 系列 PLC 的输入继电器以_____进行编号，FX2N 输入继电器的编号范围为_____。

4. FX2N 系列 PLC 的输出继电器以_____进行编号，FX2N 输出继电器的编号范围为_____。

5. FX 系列 PLC 的通用辅助继电器用_____表示，编号范围是_____。

6. FX 系列 PLC 断电保持辅助继电器编号范围是_____。

7. FX 系列 PLC 的状态继电器用_____表示，编号范围是_____。

8. FX 系列 PLC 的定时器用_____表示，100 ms 通用定时器的编号范围是_____。

9. FX 系列 PLC 的计数器用_____表示，16 位增计数器共_____点，其中编号为_____的为通用型，编号为_____的为断电保持型。

10. 定时器的线圈_____时开始定时，定时时间到其常开触点_____，常闭触点_____。

11. 通用定时器_____时被复位，复位后其常开触点_____，常闭触点_____，当前值为_____。

12. 通用计数器的线圈_____时开始计数，计数达到设定值时其常开触点_____，常闭触点_____。

13. 计数器的设定值除了可由常数 K 直接设定外，还可通过指定_____的元件号来间接设定。

## 9.3　FX 系列 PLC 的基本指令及编程方法

重点：FX 系列可编程控制器的基本指令及应用。
难点：应用指令、状态编程法。

### 本节知识

**1. 简介 FX2N 的基本指令形式、功能和编程方法**

1）LD、LDI、OUT 指令

（1）LD 和 LDI 指令用于将常开和常闭触点接到左母线上；

（2）LD 和 LDI 在电路块分支起点处也使用；

（3）OUT 指令是对输出继电器、辅助继电器、状态继电器、定时器、计数器的线圈驱动指令，不能用于驱动输入继电器，因为输入继电器的状态是由输入信号决定的。

（4）OUT 指令可多次并联使用。

（5）定时器的计时线圈或计数器的计数线圈使用 OUT 指令后，必须设定值（常数 K 或指定数据寄存器的地址号）。

2）AND、ANI 指令

AND、ANI 用于单个触点的串联，串联触点的数量不限可多次使用。

3）OR、ORI 指令

（1）OR、ORI 指令用作 1 个触点的并联连接指令；

（2）OR、ORI 指令可以连续使用，并且不受使用次数的限制；

（3）OR、ORI 指令是从该指令的步开始，与前面的 LD、LDI 指令步进行并联连接；

（4）当继电器的常开触点或常闭触点与其他继电器的触点组成的混联电路块并联时，也可以用这两个指令。

4）串联电路块并联指令 ORB、并联电路块串联指令 ANB

（1）ORB、ANB 无操作软元件 2 个以上的触点串联连接的电路称为串联电路块；

（2）将串联电路并联连接时，分支开始用 LD、LDI 指令，分支结束用 ORB 指令；

（3）ORB、ANB 指令是无操作元件的独立指令，它们只描述电路的串并联关系；

（4）有多个串联电路时，若对每个电路块使用 ORB 指令，则串联电路没有限制，如上举例程序；

（5）若多个并联电路块按顺序和前面的电路串联连接时，则 ANB 指令的使用次数没有限制；

（6）使用 ORB、ANB 指令编程时，也可以采取 ORB、ANB 指令连续使用的方法；但只能连续使用不超过 8 次，在此建议不使用此法。

5）分支多重输出 MPS、MRD、MPP 指令

MPS 指令：将逻辑运算结果存入栈存储器；

MRD 指令：读出栈 1 号存储器结果；

MPP 指令：取出栈存储器结果并清除。

6）主控指令 MC、MCR

主控指令所完成的操作功能是当某一触点（一组触点）的条件满足时，按正常顺序执行；当这一条件不满足时，则不执行某部分程序，与这部分程序相关的继电器状态全为 OFF。

主控指令嵌套次数最大为 8。

7）置位指令 SET、复位指令 RST

SET 指令称为置位指令，其功能为操作保持。

RST 指令称为复位指令，其功能为清除保持的动作以及寄存器的清零。

8）上升沿微分脉冲指令 PLS、下降沿微分脉冲指令 PLF

PLS 指令：当检测到逻辑关系的结果为上升沿信号时，驱动的操作软元件产生一个脉冲宽度为一个扫描周期的脉冲信号。

PLF 指令：当检测到逻辑关系的结果为下降沿信号时，驱动的操作软元件产生一个脉冲宽度为一个扫描周期的脉冲信号。

(1) PLS 指令驱动的软元件只在逻辑输入结果由 OFF 到 ON 时动作一个扫描周期；

(2) PLF 指令驱动的软元件只在逻辑输入结果由 ON 到 OFF 时动作一个扫描周期；

(3) 特殊辅助继电器不能作为 PLS、PLF 的操作软元件。

9）空操作指令 NOP、结束指令 END

(1) NOP 指令：称为空操作指令，无任何操作元件。其主要功能是在调试程序时，用其取代一些不必要的指令，即删除由这些指令构成的程序；另外在程序中使用 NOP 指令，可延长扫描周期。若在普通指令与指令之间加入空操作指令，可编程序控制器可继续工作，就如没有加入 NOP 指令一样；若在程序执行过程中加入空操作指令，则在修改或追加程序时可减少步序号的变化。

(2) END 指令：称为结束指令，无操作元件。其功能是输入输出处理和返回到 0 步程序。

**2. PLC 的编程及应用**

1）PLC 编程特点

(1) 程序执行顺序比较；

(2) PLC 程序的扫描执行结果；

(3) PLC 软件特性。

PLC 在梯形图里可以无数次地使用其触点，既可以是常闭也可以是常开。

2）PLC 编程的基本规则

(1) X、Y、M、T、C 等器件的触点可多次重复使用。

(2) 梯形图每一行都是从左边母线开始，线圈接在最右边。

(3) 线圈不能直接与左边的母线相连。

(4) 同一编号的线圈在一个程序中使用两次称为双线圈输出，双线圈输出容易引起误操作，应避免线圈重复使用，步进顺序控制除外。

(5) 梯形图必须符合顺序执行的原则，即从左到右、从上到下地执行。如不符合顺序执行的电路不能直接编程。桥式电路梯形图就不能直接编程。

(6) 在梯形图中串联触点和并联触点使用的次数没有限制，但由于梯形图编程器和打印机的限制，所以建议串联触点一行不超过 10 个，并联连接的次数不超过 24 行。

3）编程技巧

(1) 程序的编写应按照自上而下、从左到右的方式编写。为了减少程序的执行步数，程序应"左大右小、上大下小",尽量不出现电路块在左边或下边的情况。

(2) 依照扫描的原则,程序处理时尽可能让同时动作的线圈在同一个扫描周期内。

(3) 桥型电路的编程。

(4) 复杂电路的处理。如果电路的结构比较复杂,用 ANB 或者 ORB 等指令难以解决,可重复使用一些触点画出它们的等效电路,然后再进行编程就比较容易了。

**例题解析**

【例 9-8】 三相异步电动机正反转控制的继电器电路图如图 9.3 所示,试将该继电器电路图转换为功能相同的 PLC 外部接线图和梯形图。

**解**:(1) 分析动作原理;

(2) 确定输入/输出信号;

(3) 画出 PLC 的外部接线图;

(4) 画对应的梯形图;

(5) 画优化梯形图。

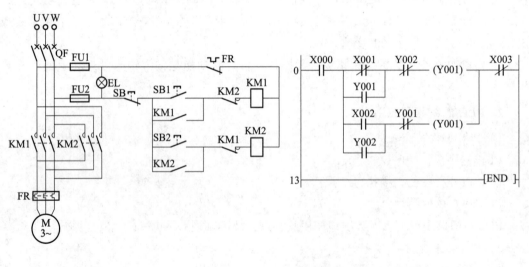

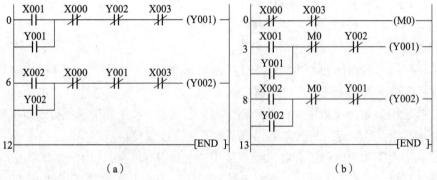

图 9.3

(a) 简单优化;(b) 用辅助继电器优化

【例9-9】 根据梯形图写出语句表程序

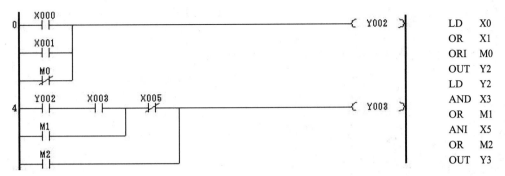

```
LD   X0
OR   X1
ORI  M0
OUT  Y2
LD   Y2
AND  X3
OR   M1
ANI  X5
OR   M2
OUT  Y3
```

## 知识精练

一、选择题

1. 动断触点与左母线相连接的指令是（　　）。
 A. LDI  B. LD  C. AND  D. OUT
2. 根据梯形图程序（图9.4），下列选项中语句表程序正确的是（　　）。

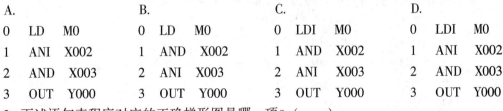

图9.4

| A. | B. | C. | D. |
|---|---|---|---|
| 0　LD　M0 | 0　LD　M0 | 0　LDI　M0 | 0　LDI　M0 |
| 1　ANI　X002 | 1　AND　X002 | 1　AND　X002 | 1　ANI　X002 |
| 2　AND　X003 | 2　ANI　X003 | 2　ANI　X003 | 2　AND　X003 |
| 3　OUT　Y000 | 3　OUT　Y000 | 3　OUT　Y000 | 3　OUT　Y000 |

3. 下述语句表程序对应的正确梯形图是哪一项？（　　）

```
0  LDI  X000
1  AND  X001
2  OUT  M0
3  OUT  Y000
```

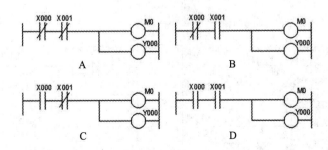

4. 单个动合触点与前面的触点进行串联连接的指令是（　　）。
   A. AND　　　　　　　　　　　B. OR
   C. ANI　　　　　　　　　　　 D. ORI

5. 根据图 9.5 可知下列梯形程序语句表程序正确的是（　　）。

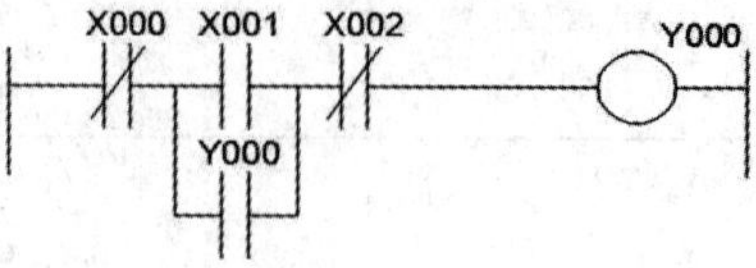

图 9.5

A.
0　LDI　X001
1　OR　X000
2　OR　Y000
3　ANI　X002
4　OUT　Y000

B.
0　LDI　X000
1　LD　X001
2　OR　Y000
3　ANB
4　ANI　X002
5　OUT　Y000

C.
0　LDI　X001
1　AND　X000
2　AND　Y000
3　ANI　X002
4　OUT　Y000

D.
0　LDI　X001
1　OR　X000
2　OR　Y000
3　ANB
4　ANI　X002

6. 表示逻辑块与逻辑块之间串联的指令是（　　）。
   A. AND　　　　B. ANB　　　　C. OR　　　　D. ORB

7. 集中使用 ORB 指令的次数不超过多少次？（　　）
   A. 5　　　　　B. 7　　　　　C. 8　　　　　D. 10

8. 下列语句表程序对应的正确梯形图是哪一项？（　　）

0　LDI　X001　　　5　LD　X005
1　AND　X000　　　6　AND　X006
2　OR　X003　　　 7　ORB
3　ANI　X002　　　8　OUT　Y000
4　AND　X004　　　9　OUT　M0

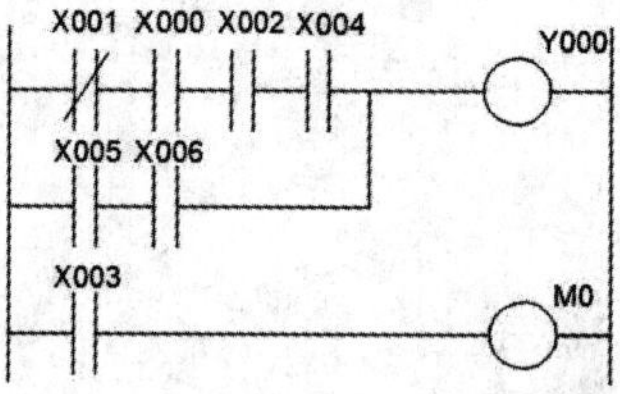

A

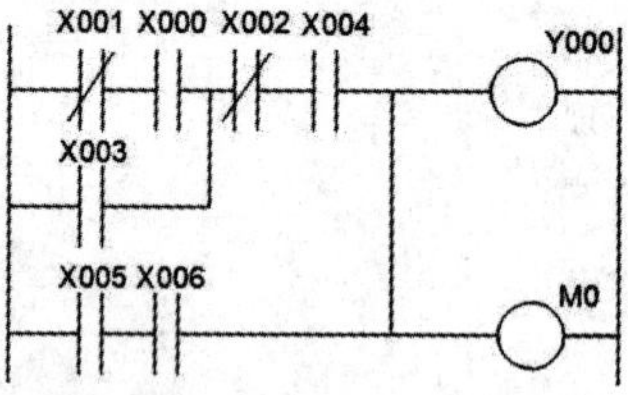

B

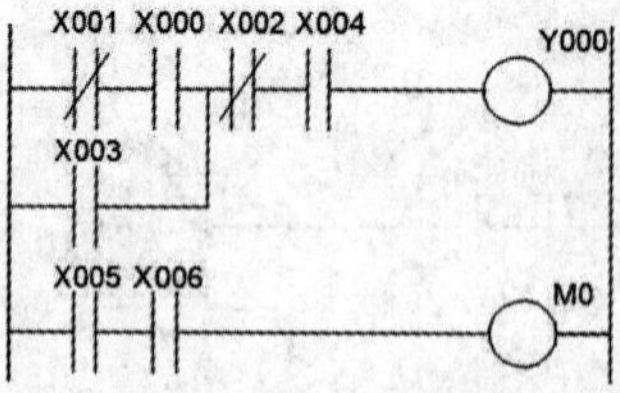

C

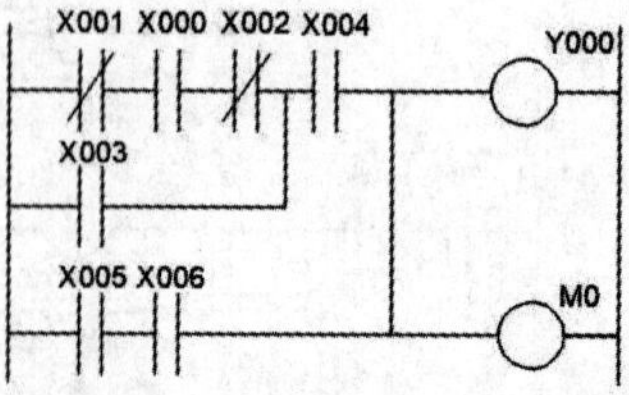

D

9. FX 系列 PLC 中 SET 表示什么指令（　　）。
   A. 下降沿　　　　　　　　　　B. 上升沿
   C. 输入有效　　　　　　　　　D. 置位
10. FX 系列 PLC 中 RST 表示什么指令（　　）。
    A. 下降沿　　　　　　　　　　B. 上升沿
    C. 复位　　　　　　　　　　　D. 输出有效
11. 下面常用于对定时器 T 和计数器 C 逻辑线圈等进行复位的指令是（　　）。
    A. SET　　　　B. RST　　　　C. PLS　　　　D. PLF。
12. SET 指令不能输出控制的继电器是（　　）。
    A. Y　　　　　B. D　　　　　C. M　　　　　D. S
13. FX 系列 PLC 中 PLF 表示什么指令？（　　）
    A. 下降沿　　　　　　　　　　B. 上升沿
    C. 输入有效　　　　　　　　　D. 输出有效
14. FX 系列 PLC，主控指令应采用（　　）。
    A. CJ　　　　　　　　　　　　B. MC N0
    C. GO TO　　　　　　　　　　D. SUB
15. STL 步进顺控图中 S10～S19 的功能一般用作（　　）。
    A. 初始化　　　　　　　　　　B. 回原点
    C. 基本动作　　　　　　　　　D. 通用型

## 二、填空题

1. 对梯形图进行语句编程时，应遵循从＿＿＿＿到＿＿＿＿，自＿＿＿＿而＿＿＿＿的原则进行。

2. 梯形图中的阶梯都是从＿＿＿＿开始，终于＿＿＿＿。线圈只能接在＿＿＿＿母线，不能直接接在＿＿＿＿母线，并且所有的触点不能放在线圈的＿＿＿＿边。

3. 步进返回指令 RET 的意义用于＿＿＿＿，使步进顺控程序执行完毕后退出步进状态，防止出现逻辑错误。

4. STL 是＿＿＿＿指令，STL 指令操作元件是＿＿＿＿。RET 是步进返回指令，RET 没有＿＿＿＿。

5. 状态转移图的三要素是：＿＿＿＿、＿＿＿＿、＿＿＿＿。

## 三、指令梯形图转换题

1. 请写出以下语句表对应的梯形图。

```
LD    X0
OR    Y0
ANI   T10
OUT   Y0
LD    Y0
ANI   X10
OUT   T10   K100
```

2. 请写出以下语句表对应的梯形图。

```
LD   X0
LD   X1
LD   X2
AND  X3
ORB
ANB
LD   X4
OR   X5
AND  X6
ORB
OR   X7
OUT  Y0
```

3. 请写出以下语句表对应的梯形图。

```
LD   X0    LD   X4    LD   X10
AND  X1    AND  X5    OR   X11
ANI  X2    LD   X6    AND  X12
OR   X3    AND  X7    OUT  Y3
OUT  Y1    ORB
OUT  Y2    OUT  Y2
```

4. 请写出以下语句表对应的梯形图。

```
LD   X0
ANI  X2
OR   X4
OUT  Y0
LD   X1
OR   X3
LD   X5
OR   X7
ANB
OUT  Y2
```

5. 根据梯形图写出语句表程序,如图9.6所示。

图9.6

6. 根据梯形图（图9.7）写出语句表程序。

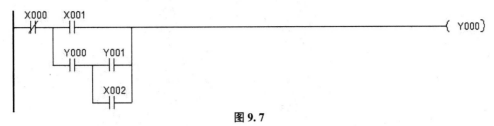

图9.7

## 9.4 三相异步电动机的 PLC 控制电路

重点：三相异步电动机的 PLC 控制电路的基本原理和实现方法。
难点：PLC 的 I/O 分配及梯形图编制。

**本节知识**

本节包含了以下控制电路的 I/O 分配、PLC 接线图、梯形图编制及对应的指令语句。
（1）三相异步电动机全压启动电路；
（2）三相异步电动机降压启动电路；
（3）三相异步电动机制动控制电路。

**1. 三相异步电动机全压启动电路**

1）点动控制（图9.8）

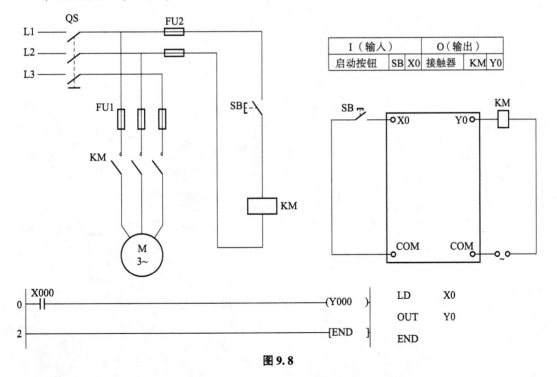

图9.8

2）自锁控制（图9.9）

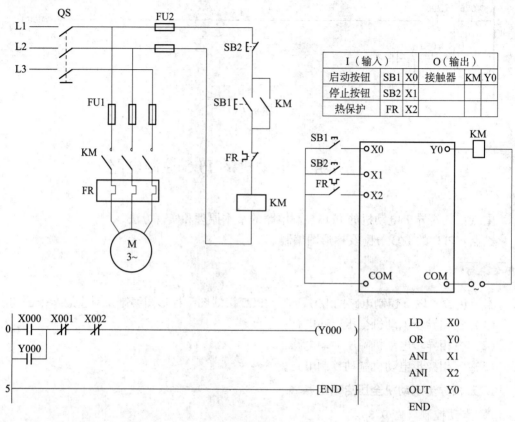

图9.9

3）电动机正反转控制电路（图9.10）

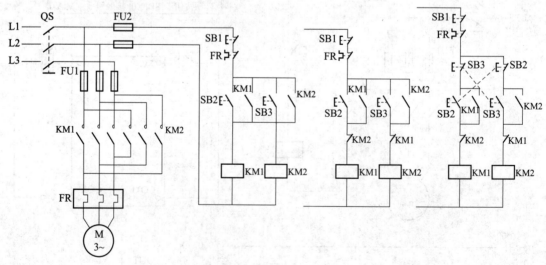

图9.10

(1) 电动机正反转不带互锁如图 9.11 所示。

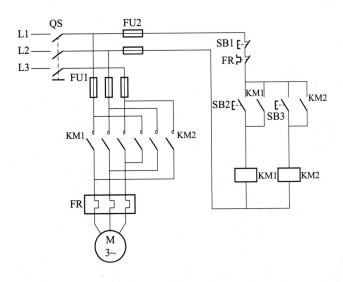

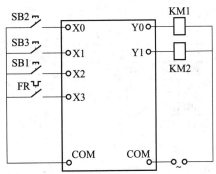

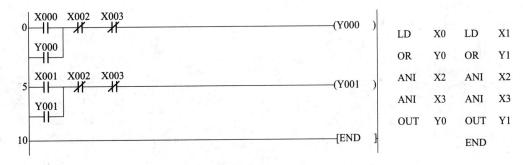

图 9.11

（2）电动机正反转带接触器互锁如图9.12所示。

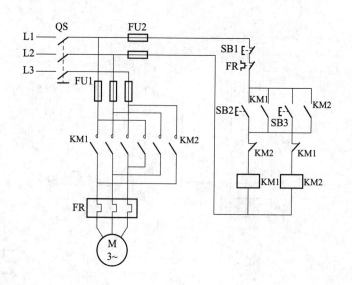

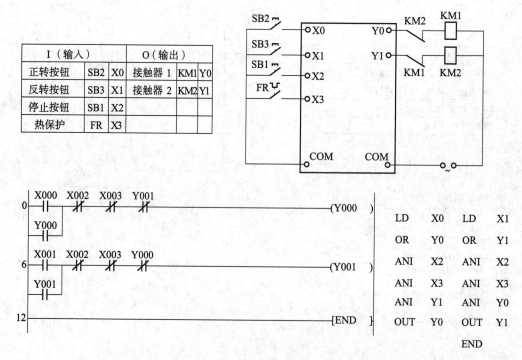

图9.12

（3）电动机正反转双重联锁如图 9.13 所示。

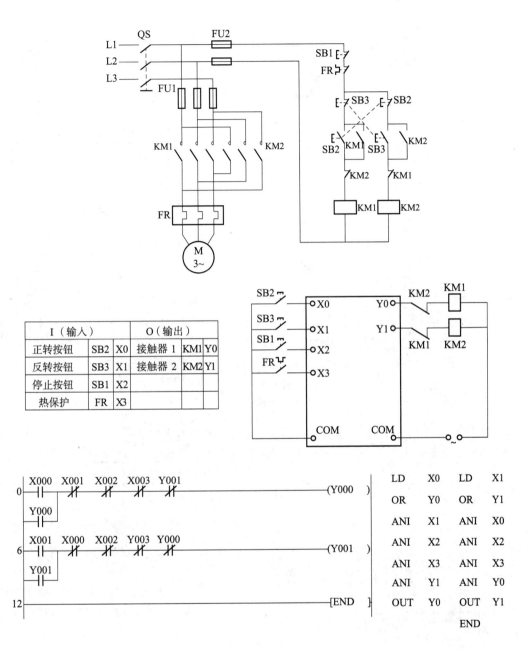

图 9.13

（4）自动往返控制如图9.14所示。

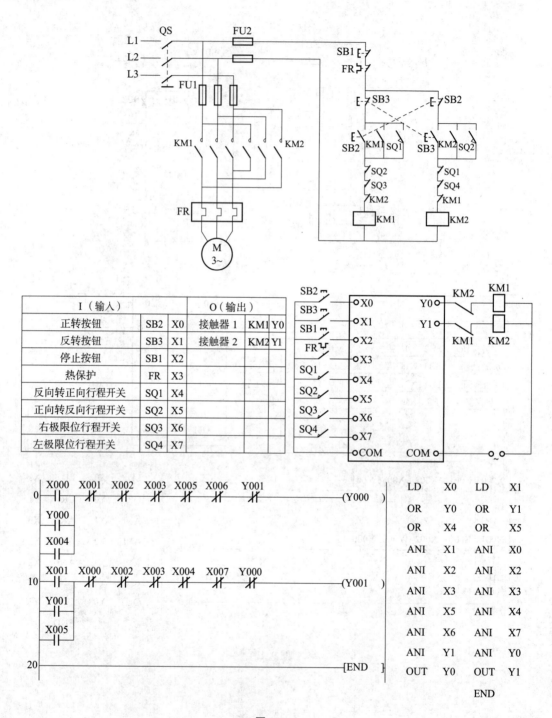

图 9.14

**2. 三相异步电动机降压启动电路**

1）定子绕组串电阻降压启动控制（图9.15）

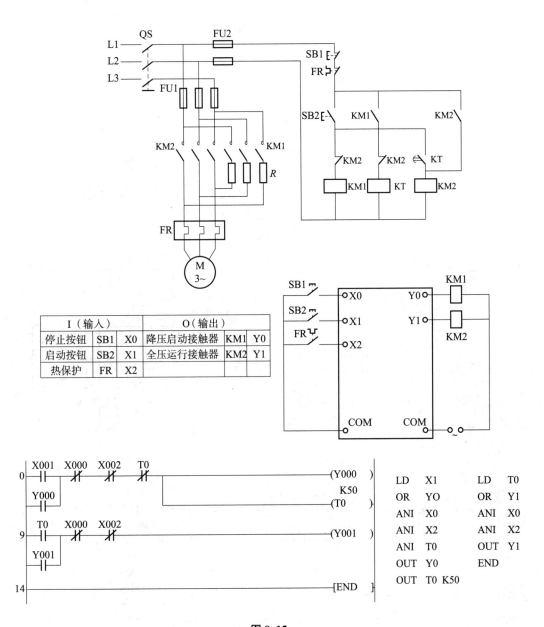

图 9.15

2) Y-△降压启动控制（图9.16）

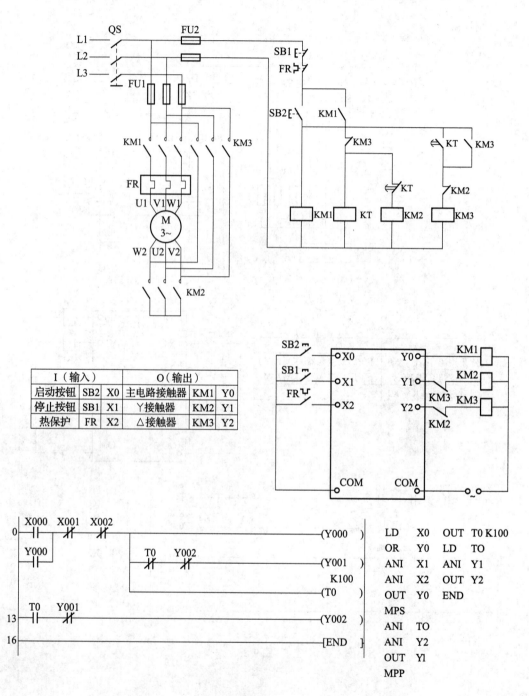

图 9.16

3) 自耦变压器降压启动控制（图 9.17）

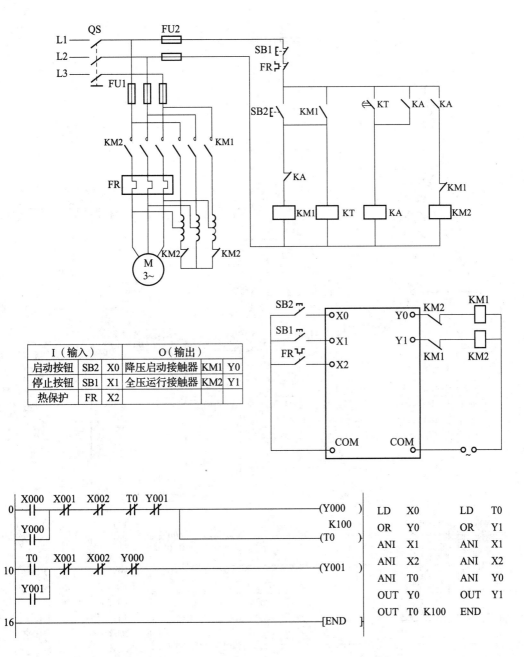

图 9.17

4）延边三角形降压启动控制（图9.18）

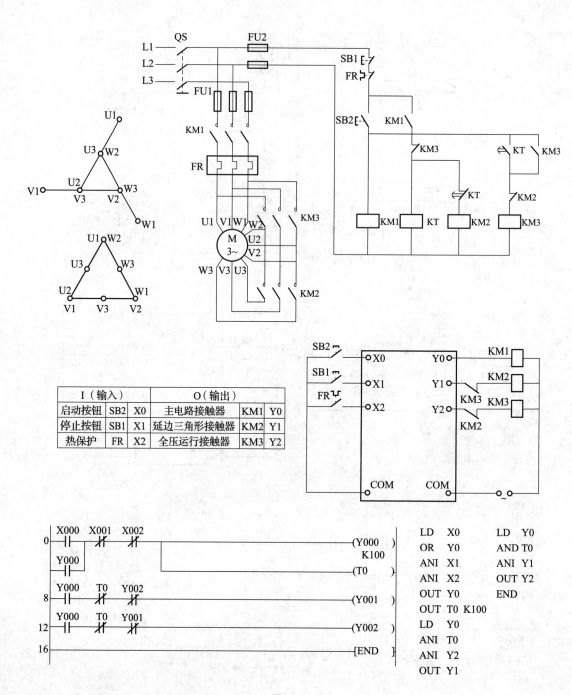

图 9.18

## 3. 三相异步电动机电气制动控制电路

1）能耗制动控制（图 9.19）

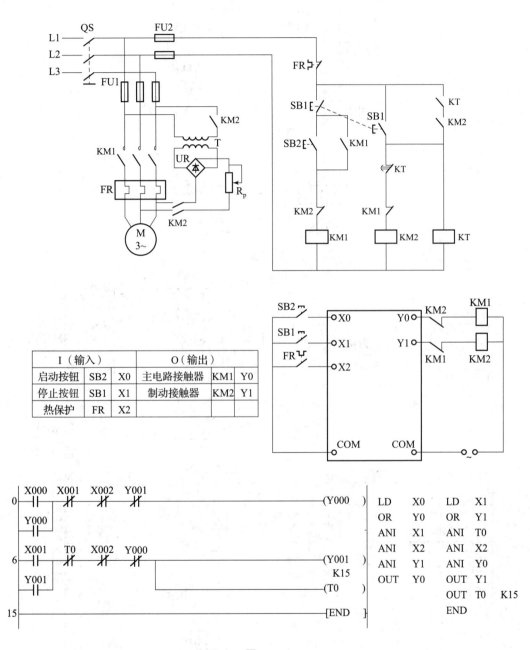

图 9.19

2）反接制动控制（图9.20）

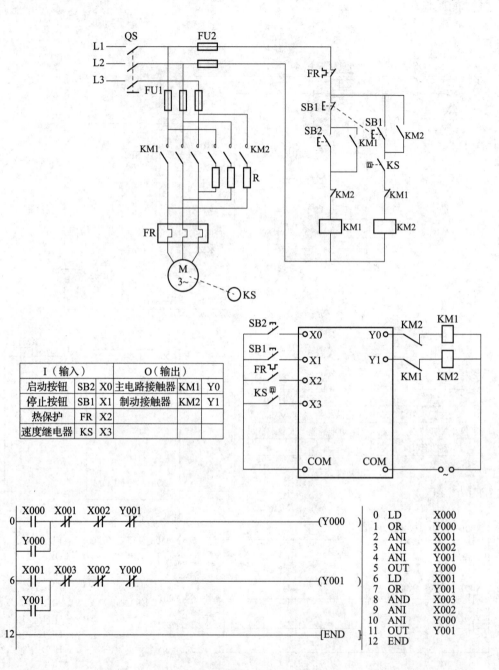

图 9.20

3) 电容制动控制 (图 9.21)

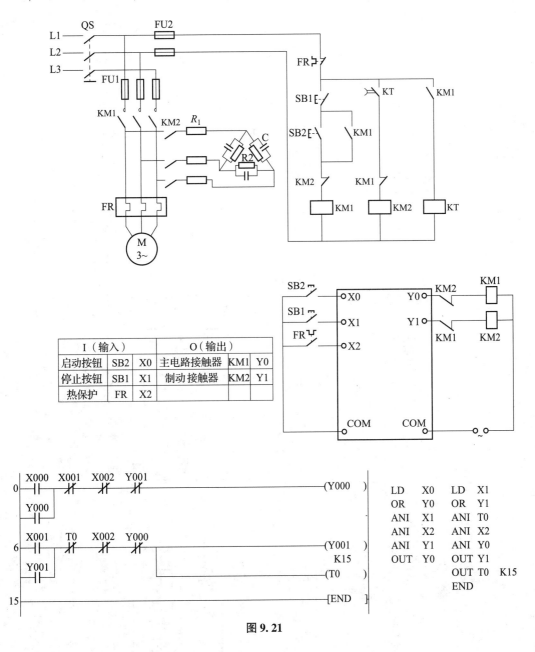

图 9.21

### 例题讲解

**【例 9-10】** （2019 年高考题） 如图 9.22 所示，某设备由一台三相异步电动机拖动，其控制要求如下：当小车停在 $A$ 点按下启动按钮时，电动机正转带动小车向 $B$ 点运行，到达 $B$ 点后停留 30 s 返回至 $A$ 点停止，运行途中按停止按钮则小车立刻返回至 $A$ 点后停止。请根据题意在答题卡上作答：

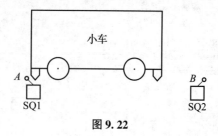

图 9.22

(1) 绘出采用交流接触器、继电器、时间继电器等电气元件的电动机主电路及控制电路;

(2) 绘出采用 PLC 进行控制的接线图;

(3) 绘出符合控制要求的 PLC 梯形图。

**解析:**

(1) 解答

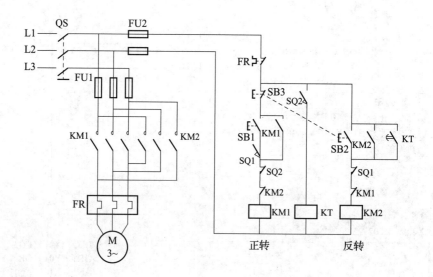

(2) 解答

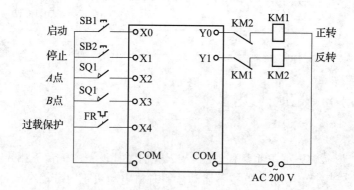

(3) 解答

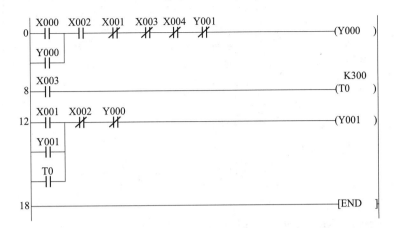

【例 9-11】 (2018 年高考题) 某设备有两台三相异步电动机需要进行控制,其控制要求如下:两台电动机互不影响地独立操作启动与停止;能同时控制两台电动机的停止;当其中任一台电动机发生过载时,两台电动机均停止运转。

(1) 绘出采用继电器、接触器等电气控制元件的电动机主电路和控制电路。
(2) 绘出采用 PLC 进行控制的接线图。
(3) 绘出符合控制要求的 PLC 梯形图。

**解析:**

(1)

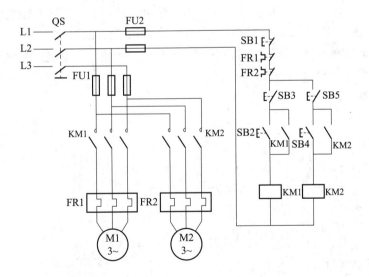

(2)

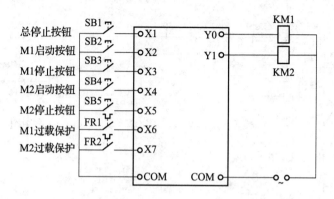

(3)

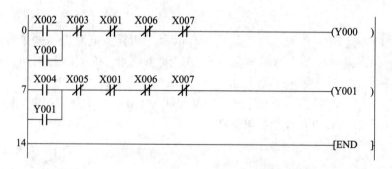

【例 9-12】 (2017 年高考题) 某设备需要对三相异步电动机进行正、反转控制。控制要求如下: 设有正转、反转和停止三个控制按钮; 具有正、反转互锁功能; 可正转→停止→反转或反转→停止→正转直接转换; 具有短路和过载保护。

(1) 绘出采用继电器、接触器等电气控制元件的电动机主电路和控制电路;

(2) 绘出采用 PLC 进行控制的接线图;

(3) 绘出符合控制要求的 PLC 梯形图。

解析:

(1)

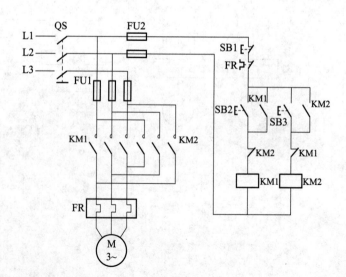

(2)

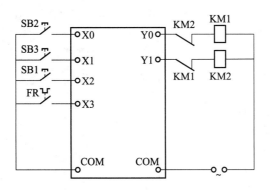

(3)

```
     X000  X002  X003  Y001
  0 ──┤├───┤/├───┤/├───┤/├──────────────────(Y000)
     Y000
     ──┤├──

     X001  X002  X003  Y000
  6 ──┤├───┤/├───┤/├───┤/├──────────────────(Y001)
     Y001
     ──┤├──

 12 ──────────────────────────────────────[END]
```

## 知识精练

1. 图 9.23 所示为某型锅炉鼓风机和引风机 PLC 控制接线图，请按要求编写 PLC 梯形图程序。控制要求如下：

(1) 开机时，先启动引风机，10 s 后自动启动鼓风机。

(2) 停止时，立即关断鼓风机，经 20 s 后自动关断引风机。

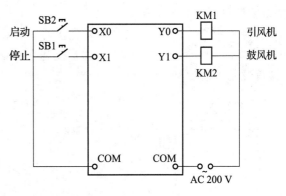

图 9.23

2. 某工厂需要对一台电动机进行 A、B、C 三地启停控制，A、B、C 三地控制手柄分别装有动合启动按钮和动断停止按钮，图 9.24 所示为 PLC 接线图，请绘制实现该功能的完整 PLC 梯形图程序。

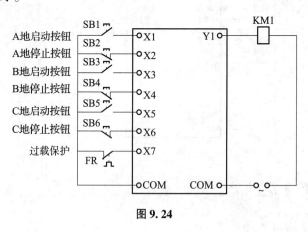

图 9.24

3. 自动饮用水电热水器示意图如图 9.25 所示，其工艺要求如下：接通电源，PLC 控制器检测液位传感器 S1，S2，若水位低于 S2 时，电磁阀 Y1 得电，冷水流入；当冷水达到 S1 时发出信号，关断 Y1。接通电源 Y2，电热炉加热，当水温达到 100℃ 时，温度传感器 S3 发出信号，切断电源 Y2，当温度降到 90℃，温度传感器 S4 发出信号，又接通电源 Y2 继续加热。按下 SB1 按键，Y3 得电，放开水，松开 SB1 按键，Y3 释电，停止放水。当水位降到液位传感器 S2 的高度时，接通 Y1，继续加水。图 9.26 所示为 PLC 控制接线图，图 9.27 所示为不完整的 PLC 梯形图程序。请根据题意补充①②③④四处 PLC 程序，实现完整的控制功能。

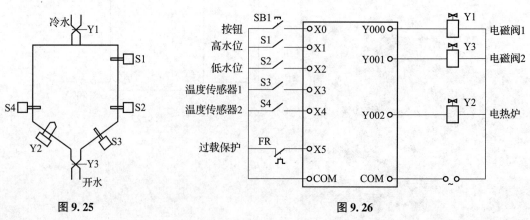

图 9.25　　　　　　　　　　　图 9.26

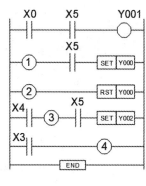

图 9.27

4. 试设计一个 PLC 控制电路。有 3 台电动机，用一个按钮控制。第 1 次按下按钮时，M1 启动；第 2 次按下按钮时，M2 启动；第 3 次按下按钮时，M3 启动。再按 1 次按钮 3 台电动机都停止。

5. 有一电动机，要求按下按钮启动按钮 S1，电动机开始正转 5 s，停 2 s 后又开始反转，反转 5 s 后停 2 s 又开始正转并能重复不断，直到按下停止按钮 S2。电动机正反转过程中，指示灯区 L1 能按 1 Hz 的频率闪烁不断。

# 知识精练参考答案

## 第一章

### 1.1 库仑定律

一、填空题

1. 正、负，相互作用，排斥，吸引
2. $1.6 \times 10^{-19}$，质子，$-1.6 \times 10^{-19}$，电子，它们，$1.6 \times 10^{-19}$
3. 电性，电荷量，$Q$，库仑，C
4. 电子，玻璃棒，电子，丝绸，玻璃棒，失去电子，丝绸，得到电子
5. $F_{12} = k\dfrac{q_1 q_2}{r^2}$，静电常数，$9 \times 10^9$，$N \cdot m^2/C^2$
6. $0.586L$

二、选择题

1~5  BBDDB

三、计算题

1. $F = 27$ N，方向：为排斥力
2. $2.2 \times 10^{-6}$ C
3. $F = 27$ N，方向：为吸引力

### 1.2 电场和电场强度

一、填空题

1. 电荷，特殊，不是，分子（原子），电场，电场，电场，功，能量
2. 假想，正电荷，负电荷，切线，场强，疏密，电场，电力线密，电力线疏
3. 大小，方向，大小，方向，$E = F/q$，正电荷所受电场力的方向
4. 外部电场，电荷，分布，静电，静电，电荷，感应

二、选择题

1~4  CCDC

三、计算题

1. $6 \times 10^5$ N/C
2. $5 \times 10^{-6}$ C

### 1.3 电流

一、填空题

1. 正，相反
2. 相反
3. 0.05

二、计算题

1. 0.06 A
2. 0.4 min
3. 1 800 C

## 1.4　电压和电位

一、填空题

1. 电场力，产生电能的
2. 参考点间，$V_a - V_b$，$V_b - V_a$
3. 0 V，正，负
4. 200 V，−200 V

二、计算题

1. 600 V
2. $U_{ab} = 3$ V，$U_{cd} = -2$ V，$V_a = 4$ V，$V_b = 1$ V，$V_c = -2$ V，$V_e = 2$ V。

## 1.5　电源和电动势

1. 负，正，升高
2. 正，负，电场，负，正，电源
3. 5 V

## 1.6　电阻和电阻定律

一、填空题

1. 阻碍
2. 正，反，温度
3. 导电，强，弱
4. 增大，减少
5. 4

二、选择题

1～5　CBDCD

三、计算题

1. 7 Ω，3.5 Ω，28 Ω
2. 1 Ω

## 1.7　电路和欧姆定律

一、填空题

1. 电压，电阻
2. 正，反
3. 外电路电压，内电路电压
4. 通路，短路，断路
5. 20 Ω
6. 220
7. 1，4
8. 1∶1

二、选择题

1~4　BDCB

三、计算题

1. 5 A

2. $R_a$ 大，当电流相等时 $R_a$ 两端的电压大，$R_a = 10\ \Omega$，$R_b = 5\ \Omega$。

3. 0.2 V，0.4 Ω（电动势为 2.7 V）

4. 在 1 位时，电流表为 1 A，电压表为 99 V；在 2 位时，电流表为 0 A，电压表为 100 V；在 3 位时，电流表为 100 A，电压表为 0 V。

5. $E = 12$ V，$r = 2\ \Omega$（利用斜线一次方程的特点来求解）

6. （1）1 000 Ω　（2）利用公式算的是待测电阻与电压表内阻并联后的总电阻，由于待测电阻和电压表内阻相差不大所以并联后的总电阻与待测电阻阻值相差很大。（3）电流表内接法

## 1.8　电能、电功率及最大输出定理

一、填空题

1. 电能，$W$，焦耳，电功率，$P$，瓦特

2. 千瓦时，$1\ kW \cdot h = 3.6 \times 10^6\ J$

3. 热能，$Q$，焦耳

4. 电流的大小，电阻，通电时间

5. 额定，满载运行，轻载，超载，过载，超载

6. 120

7. 5 760，0.001 6

8. 0.27，806.7

9. 50

二、选择题

1~4　CABD

三、计算题

1. 1 210 Ω，0.09 A

2. 25 W

3. 98 W，2 W，100 W

4. 1∶9

5. 6 V，1 Ω

# 第二章　直流电路

## 2.1　电阻串联电路

一、填空题

1. 较大，电流，分压器，电压

2. 35 V

3. 3∶2，1∶1，3∶2

4. 200

5. 4.5 V，0.9 Ω

二、选择题

1~6  BBBCAD

三、计算题

1. （1）6 mA；（2）18 V，12 V，6 V；（3）0.108 W，0.072 W，0.036 W

2. 8~12 V

3. 串联一个2 000 Ω电阻

## 2.2  电阻并联电路

一、填空题

1. 并列，同一电源

2. 较小，电流

3. 5，5

4. 1∶1，2∶1，2∶1

5. 100，0.4

6. 并联，等于

二、选择题

1~6  CADBDC

三、计算题

1. 0.64 A

2. （1）0.05 A，0.1 A。（2）600 Ω

3. 250 Ω

## 2.3  电阻混联电路

一、填空题

1. 串联，并联

2. 1∶1，2∶3，3∶2，3∶2

3. 电流，正比，电压，反比

4. 2，15

5. 300，100，200

二、选择题

1~7  BCCDDDB

三、计算题

1. （1）0.79 Ω；（2）1.09 Ω；（3）1.09 Ω；（4）1.15 Ω

2. 开关S打开时流过$R_1$的电流为0.6 A，闭合是，流过$R_1$的电流为1 A

3. （1）3 V，0.2 Ω；（2）3.8 Ω

4. 开关接1时0 V；开关接2时2.5 V；开关接3时5 V

## 2.4  电池的连接

一、填空题

1. 串，并

2. 15，1，1.5，0.01

## 二、简单计算题

1. 略　2. 0.45 A

### 2.5　电路中各点电位的计算

#### 一、填空题

1. 4

2. 10

3. 5.6

#### 二、选择题

1～3　DCA

#### 三、计算题

1. （1）－1 V，6 V，1.5 V，5 V，1.5 V；（2）1 V，6 V，－1.5 V，7 V，－1.5 V

2. －8 V，－10 V，－12 V，－12 V

3. 46 V，5 V，－3 V，－23 V，－27 V

4. 10 V（利用电阻串并联的特点）

### 2.6　基尔霍夫定律

#### 一、填空题

1. 复杂电路。

2. 流过同一电流的每一个分支，三条或三条以上的直路的连接点，任何一个闭合路径

3. 节点电流定律，在任一瞬间通过电路中任一节点的电流代数和横等于零，$\sum i(t) = 0$

4. 回路电压定律，在任一时刻，对任一闭合回路，沿回路绕行方向上的各段电压代数和为零，$\sum u(t) = 0$

5. 5 V（$R_2$ 中电流从上往下流为 1 A）

6. 1

#### 二、选择题

1～6　CCBBCD

#### 三、计算题

1. 18 A，7 A

2. 7 V，7 V，5 V

### 2.7　支路电流法

1. $I_1 = 1$ A，$I_2 = 2$ A，$I_3 = 3$ A

2. （1）5 A/3，2 A/3，7 A/3；（2）－14 V/3；（3）98 W/9

3. 6 A/7，8 A/7，2 A/7；－75 V/7

4. 4 A/7，22 A/7，5 A/7

5. 6A/7，19A/7，4A/7

### 2.8　电压源与电流源及其等效变换

#### 一、填空题

1. 电压，零，稳恒电压

2. 电流，无穷大，稳恒电流

3. $U_s/r$,不变,并联
4. 9 V,9 Ω
5. 1.5
6. 6 A,2 Ω

二、计算题

1. 略
2. 略
3. 0.5 A,12 V
4. 2 A
5. 1 A
6. 0.1 A

## 2.9 戴维南定理

一、填空题

1. 任何具有两个引出端,电源
2. 开路电压,各电动势置零后所得无源二端网络两端点间的等效电阻
3. 外电阻等于内电阻,$E^2/4r$
4. 负载电阻,电源内阻
5. 10/3
6. 8 V
7. 4.17 W
8. 115 V

二、选择题

1~5 AABBA; 6~8 ABC

三、计算题

1. 略
2. 1.5 A,3 V
3. 1 A
4. 2.25 W
6. (1) 13 V;(2) 4 Ω,10.562 5 W
7. 7 A/6

## 2.10 叠加定理

一、填空题

1. 正,负
2. 线性,电流,电压,功率
3. -1,4,3
4. 短路,短路,断路,断路
5. 6 W

二、计算题

1. 1 A,2 A,3 A

2. 4 A, 8 A, 2 A

3. 2 A, 1 A, 1 A

4. -2 A

5. 190 mA

6. (1) 1.5 A; (2) 22.5 W

7. 0.25 A (电流表单独作用时需要利用电阻的星形连接转换为三角形连接)

### 2.11 电桥电路

一、填空题

1. 对臂电阻的乘积相等，通过桥路的电流为零

2. 50/3

3. 35/3, 5/19, 14/19

二、计算题

1. 10 Ω, 0.6 A

2. 0 A, 0.1 A

## 第三章 电容器

### 3.1 电容器与电容的参数和种类

一、填空题

1. 电极中间夹一层绝缘体，电极，电介质

2. 电容器储存能量，电容器释放能量

3. 法拉，微法，皮法，$1\ F = 10^6\ \mu F = 10^{12}\ pF$

4. 面积大小、相对位置、极板间的电介质；极板间电压的大小、所带电荷量多少

5. 指使电容器能长时间地稳定工作，并且保证电介质性能良好，最大值

二、判断题

1~5 ×√√√×

三、选择题

1~5 BAAAC

四、问答题

1. 不对，电容器的大小与是否带电和带电多少无关，只与极板间的相对距离、电介质、有效面积等有关。

2. 14.37 μF

3. (1) 17.7 pF, $2.124 \times 10^{-9}$ C; (2) 38.94 pF

4. (1) $2C, U, 2Q$; (2) $C/2, U, Q/2$; (3) $C/2, 2U, Q$;
(4) $C/2, 2U, Q$; (5) $4C, U/4, Q$

### 3.2 电容器的连接及电容器中的电场能

一、填空题

1. 充电，较亮，变暗，变小，变大，熄灭，0，$E$

2. 4 μF

3. 小，大，$C_1 U/C_1 + C_2$，$C_2 U/C_1 + C_2$

# 知识精练参考答案

4. 相对面积，大于。
5. 0.25 J，0.75 J
6. 储能，电容，两端电压，电压
7. 极板间的距离，小于
8. 1 μF

## 二、选择题
1~5  BBDBD    6~10  BBDDB

## 三、计算题
1. 2.4 μF
2. (1) 80 V、40 V；(2) $4.8 \times 10^{-4}$ C；$9.6 \times 10^{-4}$ C
3. 2.4 μF，83.3 V
4. $1.2 \times 10^{-4}$ C
5. 36 V，$6.48 \times 10^{-3}$ J
6. (1) 6 V；(2) $2.0 \times 10^{-5}$ C；(3) 4 V，2 V
7. 250 V，50 V，不安全，这样使用先 $C_1$ 击穿后再 $C_2$ 击穿，耐压值是 192 V
8. (1) 0 V，24 V，0 J，$2.88 \times 10^{-4}$ J；(2) 8 V，8 V，$6.4 \times 10^{-5}$ J，$3.2 \times 10^{-5}$ J

# 第四章 磁与电磁

## 4.1 磁感应强度与磁通

### 一、选择题
1. A  2. C  3. D  4. A  5. A  6. C  7. C  8. A  9. B  10. C  11. B  12. B  13. A
14. B  15. B  16. C  17. A  18. A  19. B  20. B  21. C  22. C  23. A  24. A  25. A
26. C  27. A  28. B  29. A  30. A  31. D  32. B  33. C  34. C  35. A  36. B  37. C
38. B  39. C  40. D  41. B  42. A  43. B  44. A

### 二、计算题
1. 0.5IBS

## 4.2 电磁感应现象

1. (1) 250 m/s；(2) 7.5 W
2. D；3. D
4. (1) 0.04 T；(2) 6.67 m/s²；
5. 40 000
6. (1) 由 C 流向 D；(2) 6 m/s；(3) 4 W；(4) 4 V，A 端电位高
7. D  8. D  9. A  10. B  11. D  12. C  13. D  14. B  15. D

### 二、计算题
1. (1) 0.2 A；(2) $0.2 \times 10^{-6}$ C
2. (1) $0.5nkL^2$；(2) $0.5nk^2tL^3/R$
3. (1) $80\sin20\pi t$；(2) 75 W；(3) 11.25 J，1/4π C

## 4.3 自感与互感

1. A  2. B  3. C

# 第五章　正弦交流电

## 5.1　正弦交流电的基本概念

1. C　2. CD　3. C　4. B　5. D　6. A　7. C　8. A　9. B　10. C　11. B　12. AB

## 5.2　旋转矢量

2. （1）$i=10\sin(\pi t+45°)$；（2）略

3. （1）$u_1$ 超前 $u_2$ 45°；（2）$u$ 超前 $i$ 30°；（3）无法比较；（4）$i_1$ 滞后 $i_2$ 45°

4. 略

## 5.3　纯电阻电路

一、填空题

110　　50

二、计算题

1. （1）$i_1=22$ A；$P_1=4\,840$ W；（2）$i_2=22$ A；$P_2=4\,840$ W

2. （1）3.1 A；（2）$3.1\sqrt{2}\sin(314t+53°)$ A；（3）略

## 5.4　纯电感电路

一、选择题

1. A　2. B

二、填空题

1. 超前　　$2\pi f_L$　　$\Omega$

2. 为原来的一半

3. 没有电压

三、计算题

（1）$i_1=1$ A；（2）$i_2=0.1$ A

## 5.5　纯电容电路

一、选择题

1. B　2. B

二、计算题

（1）$i_1=0.1$ A；（2）$i_2=1$ A

## 5.6　RL 串联电路

一、选择题

1. B　2. A　3. D　4. A

二、计算题

1. （1）0.55；（2）2.6 μF；（3）196 mA

2. 15.9 mH

## 5.7　RC 串联电路

一、选择题

1. C　2. B

二、填空题

1. 电压不知道　2. 增大

# 知识精练参考答案

## 5.8 RLC 串联电路

一、选择题

1. C  2. B  3. A  4. B  5. D  6. B  7. C  8. C  9. D  10. B  11. C  12. B  13. C  14. B

二、计算题

1. (1) 10 Ω；(2) $I = 20$ A，$U_R = 160$ V、$U_L = 200$ V；$U_C = 80$ V

2. 0.1 V

## 5.9 串联谐振电路

一、选择题

1. C  2. C  3. B  4. B  5. C  6. C

二、计算题

1. (1) 79.2；(2) 0.22 mF；(3) 14.8 Ω

## 5.10 实际线圈与电容的并联电路

一、选择题

1. A  2. C  3. C

二、计算题

1. (1) 316 μF；(2) 接入前 56.8 A，接入后 47.8 A

2. (1) 13.6 A；(2) 10 A；(3) 50 A

## 5.11 并联谐振电路

1. A

2. 0.1 V

## 5.12 提高功率因数的意义和方法

一、选择题

C

二、填空题

1. 提高设备本身的功率因数、在感性负载上并联电容器提高功率因数

2. 提高设备的能量利用率、减小输电线路上的能量损失

三、计算题

(1) 0.52；(2) 9 μF；(3) 0.62 A

# 第六章 三相交流电路

## 6.1 三相交流电路

1. C

2. C 相

3. $e_V = E_m \sin\left(\omega t - \dfrac{\pi}{2}\right)$，$e_W = E_m \sin\left(\omega t + \dfrac{5\pi}{6}\right)$；

4. $u_U = 220\sqrt{2}\sin(\omega t + 90°)$，$u_W = 220\sqrt{2}\sin(\omega t - 150°)$

5. 220，$220\sqrt{2}$，380，$380\sqrt{2}$；

6. $127\sqrt{2}\sin\left(314t+\dfrac{\pi}{3}\right)$

7. $380$,$380\sqrt{3}$,$380\sqrt{2}\sin\left(\omega t-\dfrac{\pi}{3}\right)$；$380\sqrt{2}\sin\left(\omega t+\dfrac{5\pi}{6}\right)$

8. 0 V，440 V；

9. C；

10. C；

11. C

12. 任意两相线之间的电压为 380 V，相线与中线之间的电压为 220 V。

### 6.2 三相负载的连接

1. A；

2. C；

3. 星形；考虑电阻丝的额定电流要小于 25 A；

4. $\sqrt{3}$；

5. D（作相量图求解）；

6. 1 520；

7. A；

8. (1) $P=9\ 120$ W，$S=11\ 400$ V·A  (2) $I_P=10$ A，$R=30.4\ \Omega$，$L=72.6$ mH

9. 25 992 W；

10. (1) $D_A$ 因电压过高而烧坏，$D_B$ 熄灭；(2) $D_B$ 比正常亮度暗，$D_C$ 比正常时亮；

11. B；

12. A；

13. (1) $I_P=22$ A，$I_L=38$ A，$P=8\ 712$ W；(2) $C=191\ \mu$F；(3) 并联电容后：$I_P=10$ A，$I_L=17.32$ A

14. 220，11，$11\sqrt{3}$，$P=5\ 808$

15. 三角形，星形；

16. （短）380 V，380 V，（断）190 V，190 V；

17. $5\sqrt{3}$，0；

18. B；

19. B；

20. A；

21. $I_P=3.8$ A，$I_L=3.8\sqrt{3}$ A，$P=2\ 599.2$ W；

22. $I_P=3.8$ A，$I_L=3.8\sqrt{3}$ A，$P=3\ 465.6$ W；

23. (1) $I_{UP}=I_{VP}=I_{WP}=10$ A，$I_{UL}=I_{VL}=I_{PL}=10$ A；

(2) 由相图可得：$I_N=27.32$ A；

24. $A_1=A_2=0.27$ A，$A_3=0.52$ A，$A=0.18$ A；

25. (1) $I_{UP}=I_{VP}=44$ A，$I_{WP}=22$ A，$I_N=22$ A；(2) $I_{UP}=I_{VP}=44$ A；$U_P=220$ V；

(3) $I=38$ A；$U_P=190$ V；

(4) 中线不断开时，当某相负载出现故障时，对另两相的负载工作无影响。它可以保证不对称三相负载电压的对称性。

### 6.3 三相电路的功率

1. C  2. C  3. 2 200 W

4. C  5. 8 A  6. 1

7. 接成星形：$I_P = I_L = 2.2$ A  $P_Y = 1 452$ W；接成三角形：$I_P = 3.8$ A，$I_L = 6.6$ A，$P_\triangle = 4 356$ W

8. $\cos\phi = 0.75$，$Q = 9.9$ kW，$S = 14.7$ kW

9. $P = 7 260$ W

10. $I_P = 19$ A，$Z = 11.55$ Ω

### 6.4 安全用电

1. 重复接地  2. A  3. C  4. C

5. 额定状态；6. 537.32 V；7. 熔断器、开关

8. 保护接地，保护接零，装设漏电保护器

9. B； 10. D； 11. A；

### 6.5 三相异步电动机

1. C； 2. B； 3. 0.026 6；

4. A（空载功率因数较低）；

5. 定子，转子；

6. 三相交流电流，旋转磁场；

7. 同步转速，磁极对数；

8. 磁极对数 $P$，转差率 $S$；

9. 变极调速，变频调速；

10. 增大；

## 第七章  变压器

### 7.1 变压器的结构

1. A； 2. 磁滞损耗，涡流损耗；

3. 250 kV·A； 4. 输出端； 5. 交流，功率；

6. 原绕组，副绕组，高压绕组，低压绕组；

7. 硅钢片，心式，壳式；

8. B  9. B  10. B  11. A  12. C  13. C

### 7.2 变压器的工作原理

1. 60； 2. 200；

3. （1）$n = \sqrt{10} \approx 3.33$；（2）25 W；

4. A；

5. 8∶1；

6. C；

7. D；

8. （1）$P = 4.9$ mW；（2）$n = 10$，0.125 W；

9. B；

10. $N_2 = 30$ 匝；

11. 220 V； 12. B； 13. C； 14. C； 15. A； 16. B；

17. 电磁感应；绕组，铁芯；

18. 200 Ω；

19. $N_2 = 40$ 匝，$I_1 = 0.009$ A，$I_2 = 0.45$ A；

20. $U_2 = 500$ V，$R = 216$ Ω；

21. $P_1 = 2\,315.8$ W，$I_1 = 1.05$ A，$P_损 = 115.8$ W；

22. $R'_L = 8.81$ Ω，23. $E_1 = 6\,660$ V，$E_2 = 222$ V

### 7.3 变压器的功率和效率

1. C

2. C

3. A

4. 52.8 A

5. 三相变压器，额定容量，一次额定电压

6. 1∶16，1∶4

7. 90.9%，220 V；

8. B；

9. $\eta = 75\%$； $\Delta P = 19$ W；

10. 22 V，22 mA；

11. $I_2 = 0.45$ A，$I_1 = 0.1$ A；$N_2 = 44$；

12. $n = 2$，$I_1 = 1.1$ mA，$I_2 = 2.2$ mA；

13. 62.2 A；

14. $I_1 = 18.2$ A，$I_2 = 9.09$ A，$I_3 = 0.09$ A，$P_1 = 4\,004$ W

### 7.4 几种常用变压器

1. B 2. C 3. B 4. B 5. A

6. 串联，并联；7. 10 A，10 A，0；

8. 168 A，4.5 A；9. 降压，变压比

## 第八章 控制用电磁组件

一、选择题

1. C 2. A 3. C 4. B 5. C 6. B 7. B 8. B 9. B 10. D 11. A 12. B 13. D

二、填空题

1. 主电路、控制电路 2. 短路保护、过载保护、过电流保护、零电压、欠电压

3. 反接制动、能耗制动、机械制动

4. 星–三角降压起动、定子绕组串电阻降压起动

5. 熔断器、接触器、继电器、时间继电器

6. 通电延时、断电延时

7. 过载、短路

# 第九章 可编程序控制器（PLC）

## 9.1 可编程序控制器的基本组成及工作原理

一、选择题

1. B  2. C  3. A  4. C  5. A  6. B  7. A  8. C

二、填空题

1. 输入/输出（I/O）  2. 干扰  3. 直流、交流、交直流
4. 继电器、晶体管、晶闸管  5. 软件

三、判断题

1. √  2. √  3. ×  4. ×  5. √  6. ×  7. √

四、分析思考题

1. 答：先上而下，先左后右依次读取梯形图指令。
2. 答：采取集中采样、集中输出的工作方式可减少外界干扰的影响。但是这种方式会使输出对输入的响应产生滞后，并有可能丢失和错漏高频输入信号；此外，当I/O点数较多且用户程序较长时，输出信号的频率也必然会受到限制。

## 9.2 可编程控制器的常用编程元件

一、选择题

1. C  2. C  3. A  4. A  5. D  6. C  7. D  8. A  9. B  10. C  11. A  12. C  13. C  14. B  15. C

二、填空题

1. M8002、PLC通电运行时、ON  2. X、Y  3. 8进制、X0～X267
4. 8进制、Y0－Y267  5. M、M0－M1023  6. M500－M1023
7. S、S0－S999  8. T、T0－T199  9. C、200、C0－C99、C100－C199
10. 通电、闭合、断开  11. 断电、断开、闭合、0  12. 通电、闭合、断开
13. D

## 9.3 FX系列PLC的基本指令及编程方法

一、选择题

1. A  2. C  3. B  4. A  5. B  6. B  7. C  8. B  9. D  10. C
11. B  12. B  13. A  14. B  15. B

二、填空题

1. 左、右、上、下  2. 左母线、右母线、右、左、右  3. 步进结束
4. 步进开始、S、操作继电器  5. 步、转移条件、有向线段

三、指令梯形图转换题

1.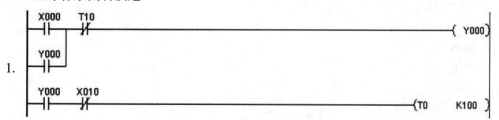

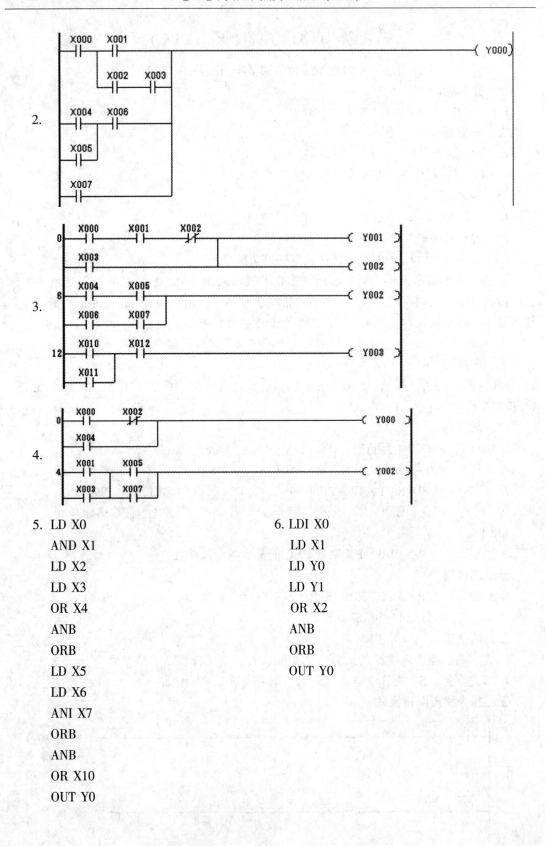

5. LD X0
   AND X1
   LD X2
   LD X3
   OR X4
   ANB
   ORB
   LD X5
   LD X6
   ANI X7
   ORB
   ANB
   OR X10
   OUT Y0

6. LDI X0
   LD X1
   LD Y0
   LD Y1
   OR X2
   ANB
   ORB
   OUT Y0

## 9.4 三相异步电动机的 PLC 控制电路

1.

2.

3.

4.

```
 0 ──X000──┬─────────────────────────(C0  K1)
           │
           ├─────────────────────────(C1  K2)
           │
           ├─────────────────────────(C2  K3)
           │
           └─────────────────────────(C3  K4)

13 ──C0──────────────────────────────(Y000)
15 ──C1──────────────────────────────(Y001)
17 ──C2──────────────────────────────(Y003)
19 ──C3─────────────────────[ZRST  C0   C4]
25 ─────────────────────────────────[END]
```

5.

```
 0 ──X000──X001──┬───────────────────(M0)
      │         │
      └──M0─────┘

 4 ──M0────T3────────────────────(T0  K50)
 9 ──T0──────────────────────────(T1  K20)
13 ──T1──────────────────────────(T2  K50)
17 ──T2──────────────────────────(T3  K20)
21 ──M0────T0────Y001────────────────(Y000)
25 ──T1────T2────Y000────────────────(Y001)
29 ──Y000──M8013─────────────────────(Y002)
      │
      └──Y001──┘
33 ─────────────────────────────────[END]
```